电子传奇

从固体到凝聚态

张天蓉 著

清华大学出版社
北京

图书在版编目(CIP)数据

电子传奇：从固体到凝聚态/张天蓉著. —北京：清华大学出版社，2024.12
ISBN 978-7-302-57767-6

Ⅰ. ①电⋯　Ⅱ. ①张⋯　Ⅲ. ①电子学—普及读物　Ⅳ. ①TN01-49

中国版本图书馆 CIP 数据核字(2021)第 050747 号

责任编辑：胡洪涛　王　华
封面设计：于　芳
责任校对：赵丽敏
责任印制：杨　艳

出版发行：清华大学出版社
　　　网　　　址：https://www.tup.com.cn，https://www.wqxuetang.com
　　　地　　　址：北京清华大学学研大厦 A 座　　邮　　编：100084
　　　社 总 机：010-83470000　　　　　　邮　　购：010-62786544
　　　投稿与读者服务：010-62776969，c-service@tup.tsinghua.edu.cn
　　　质量反馈：010-62772015，zhiliang@tup.tsinghua.edu.cn
印 装 者：北京瑞禾彩色印刷有限公司
经　　　销：全国新华书店
开　　　本：165mm×235mm　　　印张：12.5　　　字　　数：183 千字
版　　　次：2024 年 12 月第 1 版　　　　印　　次：2024 年 12 月第 1 次印刷
定　　　价：65.00 元

产品编号：088156-01

序言

    本书作者张天蓉博士早年在美国得克萨斯大学奥斯汀分校获得博士学位，受教于著名物理学家，对物理学有很好的理解。近些年来她从事科普书籍的写作，她的著作有一个共同特点，就是能将趣味性和易读性与物理学的严谨性很好地结合起来。与多数科普著作相比，她的书包含更多对物理规律的描述，给读者以直观的解释，但又不会产生误解。这已为作者赢得许多赞誉。

    本书内容丰富，从法拉第的电磁感应实验到半导体晶体管、磁盘储存系统，再到近年来新发展起来的自旋电子学和拓扑绝缘体，这200多年来与电磁有关的物理学和技术的发展在书中都有叙述。其中既有许多著名物理学家和发明家的丰功伟绩和趣闻轶事，也有对一系列颇为深奥的物理规律的解释。因此，我相信本书不仅会为科技爱好者和学生所喜欢，使他们从中学到许多知识并激发创造力，也能让与电子技术有关的专业人士受益匪浅。

中国科学院理论物理研究所研究员

中国科学院院士

戴元本

前言

　　每个人都知道，今天的世界和 100 年前甚至 50 年前，都是完全不一样的。这不同主要表现在哪里呢？如果用两个字来概括这当中的差异，恐怕大多数人会说出"信息"这两个字。的确如此，今天的世界中，有恢宏无际的网络、漫天飞舞的电磁波，里面包含着种类繁多、膨胀到要爆炸的信息，它们充满了世界的每个角落，随时随地、无处不在。几十年前有关通信的诸多梦想，如今都已成为现实。这一切可以用一句话来概括：人类迈入了信息社会。然而，是什么在支撑着这个信息社会呢？毋庸置疑，是近年来蓬勃发展、如日中天的各种高科技，其中包括计算机技术、软件、网络、通信、信息、人工智能、云计算……不胜枚举。而在这些形形色色、五花八门的技术后面，又有一个最基础和最重要的，那就是集成电路技术。

　　1958 年，第一个半导体集成电路问世，由此为半导体产业带来了革命性的变化，也从而加快了各类技术的发展进程。1965 年，与集成电路发明人之一罗伯特·诺伊斯(Robert Noyce)一起创办英特尔公司的戈登·摩尔(Gordon Moore)，提出了著名的摩尔定律。他预言：集成电路上可容纳的晶体管数目，约每隔 18 个月便会增加一倍，而集成电路的性能(计算能力)也将提升一倍。

　　几十年来，集成电路的演进似乎的确遵循着摩尔预言的这种指数规律。但是，仅仅依靠工程技术的演变，不可能将这种发展速度永远保持下去。近年来，摩尔定律面临挑战、遭遇瓶颈，集成电路在进一步发展的道路上，碰到了难以解决的问题。

　　集成电路的基础材料是半导体，其工作机制是隐藏于它背后、鲜有人知的物理原理。换言之，是基于量子理论建立起来的固体物理理论，赋予了集成电路技术"体积不断缩小、速度不断加快"的超级能力。电子技术几十年来突飞猛进发展的根源在于物理学中量子理论的成功。

与电子技术同行，物理学也走过了它大半个世纪的辉煌历程，当我们从工程界转过头来回顾基础物理研究时，同样感到大吃一惊。物理学家们几十年的努力，已经硕果累累。20 世纪初期，物理学的两个重大革命，量子力学和相对论，正在被越来越多的实验结果和天文观测现象所证实。并且，其成果被广泛用于造福人类，特别是促进了文明社会中信息技术突飞猛进的发展。

尤其已有 100 多年历史的量子力学，可以说已经是一门十分成熟又非常成功的物理理论。它精确地描述了微观世界的物理规律，曾经直接奠定了原子弹、核技术、光学、半导体工业等的物理基础，如今又在精密测量、量子计算、信息加密等现代高科技领域发挥作用。前面所述的、基于固体物理的半导体技术，可以说是量子力学最广泛和最为成功的应用。

近年来，理论物理学的研究方向，除了一如既往地"上穷碧落下黄泉"，追寻时空尺度极大和极小两个极端，还朝着复杂性的方向发展。

其中，凝聚态物理是一个典型的例子。当半导体技术在通信领域大显身手之时，固体物理也逐渐被扩展延拓和提升成了凝聚态物理，并且已经成为物理学中最为活跃且最广受关注的研究分支。

凝聚态物理的概念出现于 20 世纪 70 年代。就名称的变化而言，它的研究对象从固体物质扩展到了许多液态物质，诸如液氦、熔盐、液晶等，甚至某些特殊气态物质，如玻色-爱因斯坦凝聚的玻色气体和量子简并的费米气体。然而，凝聚态物理更为重要的方面，是它接受了量子理论的全面渗透和参与。以二级相变、对称性破缺，以及低温、超导等理论为基础，凝聚态物理的研究层次，可以从宏观、介观到微观；涉及的空间维数，包括三维到低维和分数维；结构从周期、准周期到非周期，还可以包括各种复杂的极端边界条件。因此是一个崭新的、比固体物理复杂得多的理论体系。

我们在前面提到过电子集成技术中的摩尔定律。这个定律即将终结，原因是基于物质材料的限制。而如今，在凝聚态的实验中，物理学家们发现了大量新型材料和各类性质奇特的物态。此外，凝聚态物理中对常温下超导超流进行了深入的研究，这些都激发起人们对新功能材料无限的遐想和憧憬，为电子技术的变革再辟蹊径。

对固体中电子行为的研究一直是固体物理的核心问题。凝聚态物理中情况依然如此。

从半导体材料到凝聚态物理研究中形形色色的量子物态，电子运动的模式都在其中起着至关重要的核心作用。电子，这个美妙的舞者，按照量子力学的规律，在微观世界里跳着各种奇特的舞蹈！那么，电子在半导体中究竟是怎样舞蹈的呢？在不同量子态中，又如何才能充分发挥电子更多、更奇特的内禀属性，比如自旋，让电子跳出更美妙、更有实用价值的舞蹈呢？

为此，本书作者将带你探索这些问题的答案，走近与此有关的物理及工程领域。从回顾半导体以及电的历史开始，到三只脚的魔术师——晶体管的发明；从原子模型的历史演化，到热门的自旋电子学研究，再到目前的纳米技术以及凝聚态中的前沿进展，如量子霍尔效应、拓扑绝缘体、高温超导等，本书中都有详细的介绍。

第 1 章主要是回顾历史；第 2 章则以固体中的能带论为主线，描述电子如何在费米能级附近舞蹈，从物理角度解释半导体器件的工作原理；第 3 章介绍近年发展起来的自旋电子学；第 4 章则讨论凝聚态物理中的各种量子霍尔态。

本书既讲科学，也说技术；既聊历史，也谈现状；既介绍科学家们所做的工作，也说说他们的趣闻轶事和个性生平。它不仅限于物理学，而是横跨了科学和技术多个领域。它不仅讲解电子器件，也深刻剖析其中的工作原理；既有半导体及凝聚态物理的历史，也有这些领域最新的发展状况。在讲述电子学历史的过程中，又介绍这些发现、发明背后隐藏的物理知识。此外，还介绍了近年来各种纳米新材料的基本概念、有趣性质，以及它们的应用和前景。

电子技术及物理科学的大门敞开着，等待年轻人的参与，但愿这本书能带你轻松入门。

目　录

第1章

点石成金

1.1

法拉第初识半导体[1]

地质学家们说,硅是我们地壳成分中含量仅次于氧的元素,坚硬的岩石、漫天遍地的黄沙、覆盖地球数百米深的土壤层,其中都含有大量的硅。

我们现在知道了,硅是一种半导体。千百年来,硅以及其他的半导体公主们,像一个个沉睡的美人,如童话故事《睡美人》中的奥罗拉公主那样,静静地躺在黄土和岩石中,等待菲利普王子来唤醒她。

英国物理学家迈克尔·法拉第(Michael Faraday,1791—1867)第一个揭开了半导体材料的美丽面纱。法拉第不同于那个年代大多数玩科学的贵族学者,他生于一个贫苦的铁匠家庭,只读过2年小学,后来却成为一名著名的科学家。法拉第奋发图强的精神,为我们树立了一个自学成才的杰出典范。据说在爱因斯坦书房的墙壁上,挂了3幅科学家的肖像:牛顿、麦克斯韦和法拉第。

法拉第为生活所迫,13岁就当了报童,后来在一个订书匠的铺子里打工,因此有机会读很多的书。法拉第于茫茫书海中探索出他的科学之路,将人生的小舟驶向那一片他毕生钟爱的领域——电和化学。

法拉第的老师是汉弗里·戴维(Humphry Davy,1778—1829),但这两个人的关系中却包含了许多一言难尽的故事。法拉第于戴维,既是学生和助手,又是雇员和仆人;戴维于法拉第,既是发现千里马的伯乐,却又因嫉妒,成为压制千里马不让其跑远的小人!

戴维也是一位伟大的科学家,是在元素周期表中发现了最多种元素的人。当年,是戴维将法拉第从一个书籍装订工变成了皇家学院实验室助手。尽管助手的薪金并不高于订书工的,但这份工作却为法拉第的科学研究开辟了一条阳关大道。紧接着,戴维带着这个助手兼仆人遍游欧洲。一路上,戴维那个自认为血统高贵的夫人对法拉第颐指气使,大伤法拉第的自尊心。

后来,法拉第做出了许多重大发现。特别是有一个戴维失败了的实验,却被法拉第成功地完成了! 那是通电导线在磁场中旋转的实验,实际上也就是说,法拉第造出了世界上第一台电动机的雏形! 法拉第的成功令戴维忐忑不安,这位大科学家的虚荣心受到了严重挫伤。戴维不能接受洗瓶子的小实验员超过自己的事实,嫉妒之蛇缠住了他的心灵,使他做出了对法拉第的诬陷:他指责法拉第剽窃另一位物理学家沃拉斯顿的成果。之后,即使法拉第在科学界的声望已经大大超过了戴维,但在戴维的打压下,他仍处于"墙内开花墙外香"的境地。法拉第在皇家学院仍然是一个拿着低薪的小小实验员! 大多数科学家,包括沃拉斯顿在内,都为法拉第鸣不平,联名推荐法拉第成为皇家学院会员。在皇家学院会员选举为法拉第投票的时候,戴维再一次地表现出小人之举,投了唯一的反对票。

法拉第拥有高尚的人格,他一直把戴维当作恩师,即使到了耄耋之年,还经常指着戴维的肖像说:"这是一个伟大的人啊!"

戴维于 1829 年,51 岁时就英年早逝。也许他后来良心发现,在他逝世前几年,疾病缠身之时,他提名推荐法拉第担任自己曾担任过的职务——皇家学院实验室主任。据说在戴维临终时,别人问及什么是他一生中最重要的发现时,他没有列举周期表里那些被他发现的元素,而是自豪地说:"我最伟大的发现是发现了法拉第!"

而法拉第平生最伟大的发现又是什么呢? 应该是他 1831 年发现的电磁感应现象。因为这是发电机的基础,从此开辟了电气时代的新纪元。

现代的人无法想象,如果没有电,世界将会是什么样子? 也不知道在另一个星球上,如果存在另一种高等生物构建的文明社会,它们是不是也使用"电"这个玩意儿。

不管是上帝赋予的必然,还是某种偶然,从认识"摩擦生电",到"电"真正登上人类的生产和生活舞台，众多科学家的努力功不可没。其中，法拉第的贡献可以说最为显著。

戴维去世后，法拉第这匹千里马摆脱了缰绳的羁绊，自由自在地驰骋于天地之间。法拉第从 1831 年开始从事纯粹的科学研究。他夜以继日地工作，做了无数的实验，从各个角度探讨电、磁、物质之间的关系，写下了大量的报告，汇集在《电学实验研究》这部巨著中。因为他杰出的贡献，法拉第被后人誉为最伟大的实验科学家。

科学研究不仅需要科学家投入时间和精力，富有勇气，有时甚至还须冒生命的风险。富兰克林在下雨天放风筝，将雷电从风筝线上引下来，以证明打雷闪电是大气中的电产生的。无独有偶，法拉第则制造过一次人工雷电。法拉第研究静电屏蔽时，做了一个后人称为"法拉第笼子"的东西，也就是一个大立方体状的金属架子，上面铺了一层铜网。铜网加上高压电后，噼噼啪啪、火花四起，令人心惊肉跳，法拉第却微笑着站在里面，他以此来证明金属中的电荷聚集在表面上，向大家演示静电屏蔽的作用。

因为法拉第未受过正规教育，数学基础欠缺，所以他在发展电磁理论方面受到了限制，将此殊荣留给了麦克斯韦。不过，也可能正因为数学不够好，法拉第对物理概念理解得特别透彻、精辟，极富创造力，他用场的概念挑战牛顿的绝对真空和超距作用理论，提出"实物粒子，就是力场的中心奇点"的观念，并认为各种力，如电、磁、光、引力等，都应该可以在场的相互作用、相互转化中统一起来。

法拉第所生活的年代，早已有了导电金属与不导电绝缘体的划分，人们却还不知道半导体为何物。法拉第在研究金属导电性的时候，偶然观察到了硫化银导电的一个异常现象。

在《电学实验研究》（*On Conducting Power Generally*）中，法拉第写道："我最近遇到一个非同寻常的现象，这种现象与温度对金属组织的影响是截然相反的。对硫化银来说，电导率随温度上升而上升，关灯后，电导率随温度下降而下降。"

上文法拉第的记录中用的是"电导率"，换成电阻来叙述，就是说硫化银的电阻随着温度的上升而降低。而人们知道,大多数金属的电阻是随着温度的升高而升高的。因为随着温度升高,金属晶格的振动加剧而阻碍自由电子的移动,从而导致电阻的增大。但硫化银的表现却相反。如此看来,硫化银应该代表了这样一类物质:它们具有一定的导电性(热敏性),但又不同于金属,这就是我们现在所熟知的半导体。

在法拉第对电磁理论作出的诸多贡献中,这个被他首次发现的物质特性,只是一个很不起眼的小东西。法拉第对此现象感到奇怪,却并未特别在意。半导体睡美人的面纱,被法拉第轻轻地抖动了一下,揭起一角,又轻轻地盖上了。

1.2

敏感的公主们

法拉第发现半导体硫化银的导电性随温度上升而增加,而 100 多年后的今天,我们把它归纳到半导体的特性之一,即热敏性。

其实,我们现在知道,像硅这样的半导体公主们,她们最大的特点就是敏感性。一般情况下,她们不导电,禁止电流通过身体,如同绝缘体。但是,就像法拉第第一次所观察到的,如果条件改变了,温度升高了,她们的导电性会增加,便有可能允许电流通过。这也就是我们称她们为"半导体"的原因。除热敏性之外,半导体的敏感特性还有光敏性、整流性以及掺杂性。我们在这一节中讲述光敏性。

继法拉第之后,法国物理学家 A. E. 贝克勒尔(A. E. Becquerel,1820—1891)发现了光生伏特效应。

贝克勒尔一家四代人中出了 5 位物理学家(图 1.2.1)。图 1.2.1 中的几个人,除贝克勒尔的兄长去世早,不广为人知外,其余人都成就不凡。A. E. 贝克勒尔的父亲曾在拿破仑麾下服役,滑铁卢战役之后专攻科学,曾促进了电化学的创立,也是率先研究电发光现象的物理教授;A. E. 贝克勒尔的儿子亨利·贝克勒尔,因发现天然放射性现象,与居里夫妇分享了 1903 年的诺贝尔物理学奖;他的孙子后来也是法国颇负盛名的物理学家。

物理学告诉我们,电和光都是能量的某种存在方式,这两种能量会互相转换。电转换成光的现象在大自然中经常可以看到,比如带电的大气放电时产生的闪电。科学家在实验室里研究放电现象时,经常观察到的火花和闪光等,也是电能转换成

图 1.2.1　贝克勒尔物理世家

（a）安托万・塞萨尔・贝克勒尔（Antoine César Becquerel，1788—1878），A. E. 贝克勒尔的父亲；（b）路易斯・阿尔弗雷德・贝克勒尔（Louis Alfred Becquerel，1814—1862），A. E. 贝克勒尔的兄长；（c）A. E. 贝克勒尔；（d）亨利・贝克勒尔（Henri Becquerel，1852—1908），A. E. 贝克勒尔的儿子；（e）吉恩・贝克勒尔（Jean Becquerel，1878—1953），A. E. 贝克勒尔的孙子

光能的例子。但是，从光到电的现象就不是那么普遍了。贝克勒尔物理世家电光闪烁，他们不是研究光，就是研究电。当时，A. E. 贝克勒尔的父亲就是从化学角度来研究电发光现象的。父亲研究从"电"到"光"，儿子则进一步地想，光是不是也能产生电呢？果然不出所料，1839 年，19 岁的 A. E. 贝克勒尔在他父亲的实验室里，第一次观察到了这种现象。

A. E. 贝克勒尔将氯化银放在酸性溶液中，用两片浸入电解质溶液的金属（铂）作为电极，见图 1.2.2。贝克勒尔发现，当有阳光照射时，两个电极间会产生额外的电压。这不就是"光"转换成了"电"吗？贝克勒尔将此现象称为光生伏特效应（简称光伏效应），这是历史上首次发现的半导体的第二个敏感特征。

贝克勒尔发现的是液体中的光伏效应，也被称为贝克勒尔效应。到 1883 年，亚当斯等人在金属和硒片上发现了固态光伏效应，并制成了第一个"硒光电池"[2]。

1873 年，英国的史密斯同样使用硒晶体做实验，发现这种材料在光照下导电性增加，这是半导体又一个与光照有关的特性：光电导效应。从此，对光特别敏感的半导体——"硒"公主登上了历史舞台。

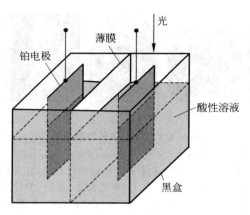

图 1.2.2　光生伏特效应

　　从现代物理学的观点来看,刚才叙述的半导体的两个特性,光伏效应及光电导效应,与1887年德国物理学家赫兹发现的光电效应(也称外光电效应),在物理本质上是相关的。我们可把它们都归类于半导体的光敏性,也可以统称为光电效应。

　　外光电效应[3]最早是被德国物理学家赫兹发现的。赫兹用两个锌质小球做实验,当他用光线照射一个小球时,发现有电火花跳过两个小球之间。如果用蓝光或紫外线照射,电火花最明显。这个现象后来(1905年)被爱因斯坦从量子力学的观点加以解释,并使爱因斯坦得到了1921年的诺贝尔物理学奖。

　　与贝克勒尔家族类似,赫兹一家也有好几位物理学家(图1.2.3)。发现光电效应的海因里希·鲁道夫·赫兹(Heinrich Rudolf Hertz,1857—1894)和发现电磁波的赫兹是同一个人。鲁道夫·赫兹虽然只活了36岁,但他的两个发现都举足轻重:电磁波的发现证明了麦克斯韦电磁理论的正确性,而光电效应的发现对量子理论的创立及发展功不可没。

　　鲁道夫·赫兹的侄子古斯塔夫·路德维希·赫兹(Gustav Ludwig Hertz,1887—1975)也是物理学家。他是量子力学的先驱,1925年诺贝尔物理学奖获得者。路德维希·赫兹的儿子卡尔·赫尔穆特·赫兹(Carl Hellmuth Hertz,1920—1990)则发明了医疗用超声波技术和喷墨打印技术。

(a)   (b)   (c)

图 1.2.3 赫兹一家的 3 位物理学家

（a）海因里希·鲁道夫·赫兹；（b）古斯塔夫·路德维希·赫兹；（c）卡尔·赫尔穆特·赫兹

　　赫兹当时发现的是金属的外光电效应,而半导体也能产生外光电效应。统而言之,光电效应指的是因光照而引起物体电学特性的改变。半导体的光电效应分为光电子发射效应、光电导效应和光伏效应。第一种发生在物体表面,即外光电效应。后两种发生在物体内部,称为内光电效应。

　　图 1.2.4 说明了半导体中几种光电效应的异同点(注意：在图中提前使用了尚未介绍的半导体中电子的能带图。我们将会在第 2 章中简述固体的能带理论。对此不熟悉的读者,可在学过能带理论之后,再返回来重新阅读下面的段落)。

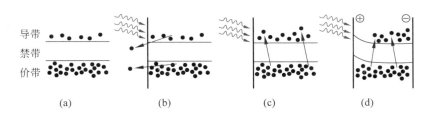

导带 禁带 价带

(a)   (b)   (c)   (d)

图 1.2.4 半导体的光电效应

（a）光照前；（b）光电发射(外光电效应)；（c）光电导效应(内光电效应)；（d）光伏效应(内光电效应)

半导体材料无光照时，导带上有很少的自由电子。在光照射情况下，低能量的电子吸收了光子能量，从键合状态过渡到自由状态。如果光子的能量足够大，使得电子能够逸出物质表面而发射出去，这便是被赫兹所观测到的光电发射效应，或称外光电效应。如果低能级的电子吸收了光子能量后，并未被发射，而只是被激发跃迁到导带中，则大大地增加了自由电子的数目，从而增强了物质的导电性。这种现象称为光电导效应。更进一步，如果被光照射的物质材料不均匀，或由两种不同的物质层构成，这时，两种物质在光照下产生的导电性能变化不一样，使得自由电子偏向于离开一种物质而聚集到另一种物质，由此而形成一个电位差，这便是1839年首次被贝克勒尔观察到的光伏效应。

猫的胡子很重要,很敏感。猫靠着胡子感知周围的物体,估计和测量老鼠洞的大小,所以胡子是猫的探测计量仪器。

很多现在 60 岁以上的人,在少年时代都玩过矿石收音机。在那个极其简单的、不用电就能收到音乐的、当时看起来像奇迹一般的"机器"里,就有一个叫作猫胡子侦测器(cat's whisker)的关键组件。人们用它来侦探什么呢?与猫胡子的功能大同小异,猫用胡子侦测周围的物体,猫胡子侦测器则被用在像矿石收音机这种电磁波接收器中,用来侦测电磁波!(图 1.3.1)

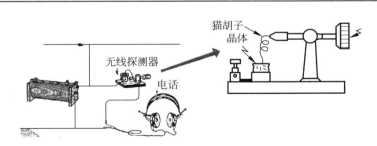

图 1.3.1 猫胡子侦测器

电磁波,在现代科技中这个耳熟能详的名词,最早是于 1865 年由英国理论物理学家麦克斯韦提出的。1831 年,40 岁的法拉第提出电磁感应定律的时候,麦克斯韦才刚刚在爱丁堡呱呱坠地。人们怎么也想象不到,二三十年之后,年轻的麦克斯韦和老迈的法拉第结成了忘年之交。

麦克斯韦和法拉第,他们的友谊及合作可算是物理学史上的奇迹。两人的年龄、学历、性格趣味、人生经历完全不同。一个老，一个少；一个出自寒门，一个身为贵族；一个只有小学文凭，一个毕业于名牌大学；一个是实验高手，一个是数学天才。然而，上帝让这两个背景迥然不同的物理学家相遇、合作、互补，共同打造出了完全不同于牛顿力学的经典电磁理论的宏伟体系。

因为法拉第没有系统学习过高深的数学，世俗的偏见使他那天才而深奥的场论思想不为物理理论界所接受。但是，这些想法却深深地影响了麦克斯韦，并且借着麦克斯韦的天才建模能力而融合进了美妙的数学方程中。之后，麦克斯韦又从他自己归纳总结的麦克斯韦方程中预言了电磁波的存在，为法拉第多年前有关"光和电磁振动有关"的大胆推测找到了理论根据。只可惜当时的法拉第已经太老了，没能用实验证实电磁波的存在。

因此，电磁波理论是理论和实验结合而创造的奇迹。遗憾的是，在麦克斯韦预言电磁波的两年之后，法拉第就去世了。而麦克斯韦自己呢，也只活了 48 岁，没能等到电磁波的实验证实。

第一次用实验观察到电磁波的人，是发现光电效应的海因里希·赫兹，时间则是在 1887 年，麦克斯韦逝世 8 年之后。

赫兹通过两个加上高压交流电的金属小球进行高压放电，作为电磁波发射器。在实验室的另一端，他安置了两个用导线连在一起的金属小球，作为电磁波的接收器(图 1.3.2)。实验开始了，"噼噼啪啪、噼噼啪啪……"，发射器发出嘈杂的声响，两个加上了高压电的小球之间不断地跳过明亮耀眼的火花。这些电火花应该伴随着电磁波的发射，当电磁波传播到房间另一端的接收器时，接收器的两个小球之间也应该跳过电火花。赫兹不停地调整、变换他的简单接收器，目不转睛地看着上面的金属小球，等待着预料中应该发生的事情。不知道他度过了多少个如此焦急难熬的日日夜夜，才期盼到了那第一个闪烁的火花。

总之，功夫不负有心人。赫兹最后成功地观察到了接收器收到电磁波后引发的电火花，电磁波就此诞生了！并且，他还正确地算出了它的传播速度，刚好与光速一致，和麦克斯韦、法拉第预言的一样。

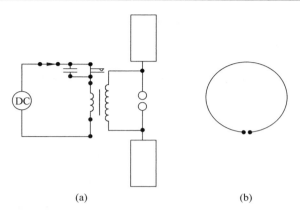

图 1.3.2　赫兹发现电磁波的简单设备

（a）赫兹的电磁波发射器；（b）电磁波接收器

赫兹的实验引起了轰动,这个世界从此变得热闹起来。科学家和工程师们趋之若鹜,各种频率的电磁波漫天飞舞,人类可能早就在等待着这一天的到来。从此,科学技术的词典上多了一个名词：无线电！

紧接着,意大利的马可尼和俄国的波波夫分别实现了无线电通信传输。随之而来的各种无线电技术蓬勃发展,如日中天。猫胡子侦测器也作为世界上的第一个无线电通信半导体器件,在 20 世纪初闪亮登场。

不过,猫胡子侦测器的原理是基于早些时候的物理研究,具体地说,是基于半导体的第三个敏感特点：整流性。

什么叫整流？就是将具有正反两个方向的交流电变成只往一个方向流过的单向电流。

继法拉第和贝克勒尔之后,1874 年,德国物理学家卡尔·布劳恩(Karl Braun,1850—1918)在研究方铅矿———一种硫化铅化合物的导电性质时,发现此类物质的导电性与所加电压的方向有关。也就是说,此类的物质敏感于所加电压的方向。如果在它两端加一个正向电压,它是导通的；如果把电压极性反过来,它就不导电了。换言之,无论它两端的电压是正还是负,电流只能往一个方向流。这种单向导电性，就是半导体所特有的整流性[4]。

布劳恩刚发现这个半导体特性时，并不知道它有什么用处。直到 25 年之后，印度物理学家萨特延德拉·纳特·玻色（Jagadish Chandra Bose）第一次将方铅矿晶体的整流性质用来探测电磁波[5]。后来，收音机发明后，美国电机发明家 G. W. 皮卡（G. W. Pickard）实验了成千上万种材料，筛选出几十种整流性特别好的材料，用硅晶体造出了猫胡子侦测器。皮卡利用硅晶体的整流功能检波，来探测和解调接收到的无线电信号（图 1.3.3）。如此，历史上的第一个半导体器件，也就是后来的点接触二极管，揭开了半导体器件登上历史舞台的第一幕[6]。

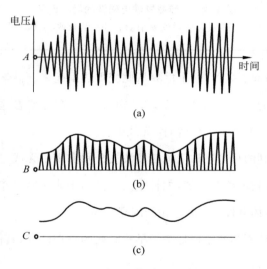

图 1.3.3 整流和检波

（a）接收到电磁波的双向电压；（b）经过整流变成单向电流；（c）检波后只留下调制信号

布劳恩也是阴极射线管的发明者，于 1909 年与马可尼同获诺贝尔物理学奖。

实际上，从图 1.3.1 中可以看到，侦测器中的"猫胡子"是一根细细的金属线，通过一个把手则可改变猫胡子的方向，以及与半导体表面相接触的点的位置、压力、接触面积等，犹如猫用胡子探来探去，寻找具有最佳整流功能的点，使接收电磁波达到最好的效果。

半导体整流特性的发现,早于真空管整流特性的发现。但是,真空管很快就主宰了电子通信时代。真空管整流特性的发现,则归功于大发明家托马斯·爱迪生。

1880 年 2 月的一天,美国东部的新泽西州仍然春寒料峭,爱迪生正在实验室里研究如何延长他的碳丝白炽灯的寿命。他试验过各种方法。有一次,他在灯泡中多放了一个电极,在玩来玩去的过程中,却意外地发现了一个奇怪的现象[7],见图 1.3.4。

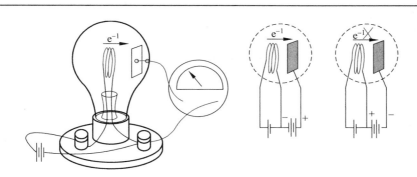

图 1.3.4　爱迪生效应

爱迪生发现,如果在灯泡新加的电极上加上正电压,电极和碳丝之间便有电流通过,如果加上负电压,便没有电流,这和几年前布劳恩在半导体上发现的整流性类似,这个现象后来被称为爱迪生效应。后来,约翰·弗莱明于 1904 年在此基础上制造出真空二极管,美国发明家李·德·福雷斯特(Lee De Forest)则进一步发明了第一个真空三极管,揭开了真空电子管无线电通信的新篇章。

第二次世界大战加速了电子工业的发展,尽管大多数通信器件都是使用真空管,但战争中双方的竞争也促进了各类半导体器件的开发。除了在检波器和整流器应用了半导体的整流性,还利用半导体的光敏性制成了各种光电池。根据半导体的热敏性,则发明了各种红外探测器,被双方用于侦探飞机和船舰。

从 1833 年法拉第第一次发现半导体的特殊性能,到第二次世界大战结束,经过了 100 多年,沉睡的硅美人终于睁开了她美丽的双眼。在半导体慢慢苏醒、被人所识的这段长长岁月里，人类社会也发生了翻天覆地的变化。以电力系统的多项发明和广泛应用为主线的第二次工业革命正在世界各国迅速蔓延。众多风云人物不断涌现，发明专利层出不穷：爱迪生的电灯、贝尔的电话、莱特兄弟的飞机、卡尔·本茨的汽车，还有与电磁应用有关的诸如西门子的发电机、马可尼的越洋通信，等等。当初法拉第在实验室里摆弄的电磁现象已经遍布全球，不断向人类展示它们的无穷魅力和绝代风采。继法拉第之后，在电力世界中叱咤风云的大师级人物也许不止一个，但被人誉为"闪电大师"的特斯拉，以其传奇的一生，近年来吸引了公众的注意。

因此，让我们讲讲特斯拉鲜为人知的故事。

闪电大师特斯拉

在物理学中，特斯拉（T）是磁感应强度的单位。这一命名是为了纪念美籍塞尔维亚电气工程师尼古拉·特斯拉（Nikola Tesla，1856—1943）。

特斯拉坎坷的一生本来就颇具传奇性，加上近些年来在传媒界被文学艺术人士极力渲染，更是蒙上了许多神秘色彩。有人把他描述成一个具有特异功能的超人，甚至怀疑他是来自外星球的高等生物；又怀疑地球上发生的许多神秘事件，都与他的研究有关，等等。这些古怪离奇的说法，实在太吸引眼球了。然而，不管特斯拉是人还是神，他的发明创造及研究范围大多与"电"有关。尽管当时"电子"这个小东西作为个体还没有被人见到它的庐山真面目，但特斯拉却紧紧抓住了这群神秘舞者露出的闪亮尾巴。我们的闪电大师翻云覆雨、挥洒自如，让电子尚未露面就先为人类大跳它们的交流电集体舞，带给世界光明和能量。因此，在继续探索半导体之前，让我们为这个伟大的发明家写上一节，脱去他的神秘外衣，还其科学本质！

1. 为电而生[8]

著名的美国发明家爱迪生（1847—1931）的名字家喻户晓。他1000多项的发明专利，无时无刻不在造福人类。家家户户都有的电灯泡，就是最简单而普通的例证。

有人说，如果没有爱迪生，也许人类还只能用烛光照亮黑夜。

但也有人说，如果没有爱迪生，还有特斯拉呢，特斯拉才是上帝派给人类的普罗米修斯、电气电子之神！

还有人会说，即使没有爱迪生和特斯拉，还会有别的什么人啊，人类社会是一定会向前发展的，是时势造英雄，而不是英雄造时势！

历史没有如果。在无线电通信和电力系统发展的过程中，我们既有爱迪生又有特斯拉，上帝给人类派来了两位伟大的发明家。

在爱迪生9岁那年，尼古拉·特斯拉，随同一道闪电来到了人间。

3岁时，特斯拉用手抚摸他的宠物猫，突然看到一道细微闪光穿过手掌与猫之间，随即手上传来一阵奇怪的麻感。父亲告诉惊魂未定却又固执不停地问"为什么"的特斯拉，那是电，和天空闪电时一样的电！小特斯拉心里想：和打雷闪电一样！难道天地宇宙是一只大猫吗？如果是一只大猫，又是谁在抚摸它呢？是上帝吗？太多的疑问，纠结着这个不停思考的孩子。从此，"电"这个名字，深深地刻在了特斯拉的脑海中。少年时代的特斯拉经常出现幻觉，眼中总是看到火花电光闪烁一片。

父亲希望他将来做牧师，特斯拉却暗暗立志，要毕生研究电！直到特斯拉染上了霍乱，这一场大病动摇了父亲有关儿子未来的信念，成就了特斯拉的梦想，从此，特斯拉与电结下了不解之缘。

从用旋转磁场的方法改进发动机而发明交流感应电动机、发电机，到后来创造第一台无线电遥控机，发明推广交流电体系，发明特斯拉线圈，制造人工闪电，研究全球无线供电系统，特斯拉的大部分发明专利都与电有关。他不愧为电气化领域的先驱，是一个为电而生的天才。

2. 电流大战[9]

1884年，特斯拉带着他的美国梦，从巴黎来到纽约。但不幸的是，一路上钱和车、船票全被小偷偷掉了，口袋里只剩下4美分，于是他慕名投靠到当时已经大名鼎鼎的爱迪生门下。

而在1882年，爱迪生，这个新泽西门罗公园的奇才，用他的白炽灯泡和华莱士的直流发电机，第一次点亮了曼哈顿！

那是1882年6月17日的晚上，万籁俱寂、静夜无声，天上几点星光闪烁，曼哈顿富人区的仆人们正在慢慢地、一盏一盏点亮家中的蜡烛和煤油灯。突然,位于 36 街麦迪逊大道上的一幢意大利式建筑中,200 多只灯泡同时亮了起来,宝石一般柔和明亮的灯光,像奇迹一样照亮了华尔街金融大亨摩根新家的每个角落!

之后,爱迪生的直流供电系统从曼哈顿向各地延伸,人们为新技术的成功而欢呼雀跃的同时,也被它带来的危险和不便所困惑和惊吓。比如,J. P. 摩根的邻居布朗太太就受不了摩根家地下室里发电机运转时震耳欲聋的声音,还有那种整栋房屋都跟着发抖、震荡摇晃的恐怖感觉;路人们也抱怨那些成天往外冒着讨厌浓烟的蒸汽机污染了空气。更为可怕的是,还经常发生一些小小的电力灾难。因短路造成起火和触电,进而导致伤亡的危险性,让人们对这个新技术既爱又怕、耿耿于怀。

这时,正好来了个特斯拉,爱迪生称他为"我们的巴黎小伙子"。

爱迪生立刻发现这个塞尔维亚裔的年轻古怪工程师是个很有用的人才,便委以重任,让他去改良很不完善的直流供电设备,并口头承诺 5 万美元的奖赏。特斯拉兢兢业业地工作,不到一年就设计出了 24 种不同的机器来取代旧机器。但是当他向爱迪生提到承诺的奖金时,得到的却是爱迪生轻飘飘的一句话:"啊,你太不懂我们美国式的幽默了!"

还不仅如此,特斯拉当时太天真了。实际上,他连将周薪从 18 美元涨到 25 美元都很难争取到,却异想天开地指望爱迪生会给他几万美元的奖金,这不是天方夜谭吗?

更令特斯拉不快的是,爱迪生的公司里,没有一个人愿意接受他关于交流电的看法和建议。要知道,特斯拉早在学生时代,就在头脑中完成了有关交流感应发电机的构想,他是带着他的交流之梦来找爱迪生的!但是,正如历史屡屡证实的,技术的发展并不只与技术本身有关,市场的走向、商业的运作、公司的发展、投资者的利益,诸多因素掺杂其中。历史总是周期性地重复和类似。20 世纪末 21 世纪初,世界上演了一场互联网大战。而在 100 多年之前,特斯拉和爱迪生之间则有过一场"电流大战"。

爱迪生当然不会接受特斯拉有关交流电的突发奇想,特别是正当他的直流供电系统蒸蒸日上的时候。爱迪生本人也已经因此而腰缠万贯,成为一个众星捧月式的名流。

在爱迪生的公司里,特斯拉实现不了他的交流电之梦,又被爱迪生不遵守承诺而激怒。因此,他一气之下便辞职离开了爱迪生的公司。当然,因为自己鲁莽仓促的决定,特斯拉也付出了沉重的代价,他有一两年的生活全靠体力劳动支撑。但后来特斯拉的工头发现,这个塞尔维亚年轻人不仅仅是一个普通的认真干活的工人,还是一个有经验的工程师,甚至像是一位电学专家。因此,工头把他介绍给自己认识的大人物。终于有一天,特斯拉有了重圆电子梦的机会。他在自由街 87 号有了自己的第一个电气实验室,开始研发早就在脑海里完成多次的整套交流供电设备!

在特斯拉为贫困所驱到处打工的时日里,交流电和直流电之战已经悄然而起,这场战争是从来自匹兹堡的乔治·威斯汀豪斯的交流电公司侵犯到爱迪生的供电市场开始的。

乔治·威斯汀豪斯(George Westinghouse, Jr., 1846—1914)是美国著名的实业家、发明家,西屋电气创始人。1888 年 7 月底,特斯拉带着交流电方面的多项专利正式加盟威斯汀豪斯的公司,使其与爱迪生的电流之战达到白热化。

交流电与直流电相比,在发电和配电方面有许多优越之处,这也是为什么特斯拉所发明的三相交流电及其感应电机设备,以及 110V、60Hz 的供电标准在美国等国沿用至今。

特斯拉发明的多相交流发电机可以很经济方便地把机械能、化学能等转换成电能。交流电系统利用电磁感应原理(图 1.4.1),通过变压器后,可以很方便地升高或降低电压,达到远距离传输的目的。只有在高压情形下进行传输,才能降低损耗,传得远。而爱迪生当时的直流电,只能以较低的功率和电压发电,在整个线路上,每隔几十米就必须安装一台发电机。

(a)

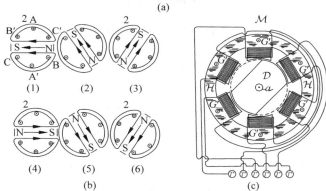

(b)　(c)

图 1.4.1　特斯拉(a)和他的旋转磁场(b)及感应电动机(c)

　　当然,从物理角度看,直流电输电也有其优越之处。没有因为电容电流产生的损耗,也没有因为趋肤效应而引起的电线有效面积的减少,不需要交流输电的同步调整,等等。

　　但交流电最独特的优势是容易变压。因为传输的损耗与电流平方成正比,所以传输电流越小,损耗就越小。而传输的功率则等于电压和电流的乘积,要减小电流来达到减小损耗,就必须要增大电压才能将同样数值的功率传输到用户端。比如,传输同样的功率,如果电压加倍,电流则减半,损耗则减到 1/4。并且,用户离得越远,就需要将传输电压升得越高。交流电容易变压的特点正好适合这种低消耗的高压输电,使用结构简单的变压器即可将电压升至几千甚至几十万伏特,传送到几百千米之外，这是爱迪生的直流供电系统望尘莫及的。

然而，爱迪生为了商业利益，极力维护他的直流电独立王国。他费尽心机和手段，拼尽全力拒绝和诋毁交流电。

但最后，这场电流大战以威斯汀豪斯和特斯拉的胜利、爱迪生的失败而告终。

当时，交流电打败直流电的里程碑有两件大事：一个是1893年的芝加哥世博会[10]。在这次世博会上，威斯汀豪斯的西屋电气公司用三相交流电点亮了十几万只灯泡，在夜晚将整个博览会照耀得如同白昼一般。特斯拉则在这个世界性博览会上第一次为电子展品开设的展区中出尽风头。他展示了他的荧光灯和没有电线连接却能发光的灯泡等新发明，还有通电后就能旋转和站立的铜蛋（称为哥伦布蛋），特斯拉以此向人们说明他的感应电动机和旋转磁场的原理。

另一个具有历史意义的事件，则是1896年11月在尼亚加拉大瀑布新落成的尼亚加拉水电站。这个电站使用了3套5000马力（1马力＝745.7W）的特斯拉交流发电机，成功地将电力送到35km之外的布法罗市。电站落成送电后，各媒体兴奋地竞相报道："电闸一合上，汹涌澎湃的瀑布便流向了山巅。"后来，人们在尼亚加拉大瀑布公园中竖起一尊特斯拉的铜像，以纪念他对人类电气化事业的无私奉献[11]。但是，因为特斯拉放弃了交流电专利的版税，所以他到老年时一贫如洗。

3. 神秘共振圈

爱迪生为了诋毁交流电，耗费数千美元来调动各种新闻手段到处宣扬高压交流电的危险性，甚至人为地制造交流电事故。他建立了一个实验室，残忍地将特意抓来的小猫、小狗电死；他买通纽约州监狱的官员，用交流电执行死刑，制造可怕的景象，使公众形成对交流电的恐惧、厌恶和反对。

为了反击爱迪生，说明高压交流电在正确使用情形下的安全性，特斯拉冒着生命危险，多次表演魔术一样的交流电实验。"他头戴礼帽、身着晚礼服，打白领带，足蹬软木鞋，双手接通电路，用身体做导线，全身闪出电火花，人们被这一表演惊呆了。"表演时,特斯拉为了说明有危险的不是电压的高低,而是电流的大小,让上万伏的高频电压通过自己的身体,展示出惊人的放电效应(图 1.4.2)。

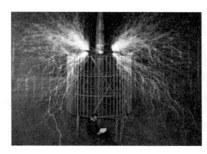

图 1.4.2 特斯拉坐在闪电实验室里看书

特斯拉坐在他在美国科泉市的实验室内,身前是产生百万伏电压的"放大发射机"。
这是一张多重曝光照片,摄于 1899 年

在特斯拉的闪电实验中,用来产生高频高电压、低电流的设备叫作特斯拉线圈,是特斯拉最重要的发明之一。特斯拉线圈的原理很简单,实际上就是一台利用共振原理的变压器而已。收音机中调谐电路的原理也是利用共振,但是使用的目的不一样。特斯拉用它来方便地产生超高电压、超高频率但又是超低电流的交流电,从而制造出人工闪电的效果。直到现在,在世界各地仍有很多特斯拉线圈玩家,他们做出了各种各样的设备,制造出惊心动魄又美丽炫目的闪电图景。因而,特斯拉被人们称为"闪电大师"。

不过,特斯拉当时不仅将特斯拉线圈用于"玩"这种娱乐和教育的目的。他利用这些线圈进行了多项创新实验,研究高频率的交流电现象,产生 X 射线,并用于电疗和无线电能的传输等。采用特斯拉线圈的火花放电无线电发射机,被广泛用于传递电报信号。一直沿用到 20 世纪 20 年代,火花放电发射机才被真空电子管的无线电发射机所取代。

共振的现象在日常生活中司空见惯,比如乐器利用它产生的共鸣。共振也是大家在初中时就学到的简单物理道理。共振时,往往会有意料之外的突发现象出

现。例如，在 1940 年，美国华盛顿州的塔柯姆大桥因大风引起的共振而塌毁，还有传说中某高音歌唱家演唱时震碎玻璃杯的故事等。

电磁共振，这个简单现象，在特斯拉手上却被玩出了很多花样，且让我一一道来。

特斯拉特别关注共振，也源于他年轻时的一段十分神秘的经历。据他自己的叙述：

"一天晚上，我看见无数天使腾云而来，其中一个居然是我的母亲！那一瞬间，我心中升起一股莫名的感觉，潜意识告诉我：母亲去世了！后来证实，这是真的！"

之后，特斯拉用共振来解释这次幻觉的出现。他认为是因为他和母亲之间的脑电波达到了共振而产生的心灵感应！不管他的理论正确与否，他对共振现象的迷恋，引导他走向了"特斯拉线圈"这一革命性的发明[12]。

特斯拉线圈的原理如图 1.4.3(a)所示。首先，一个普通的变压器将交流电的电压升到 2kV 以上，这是可以击穿空气而放电的电压。初级线路中的电容 C_1 充电达到一定数值后，几毫米宽的火花隙便产生放电。放电使得初级线圈（圈数很少）和电容 C_1 构成一个 LC 振荡回路，产生高频振荡的电磁波，振荡频率通常在100kHz～1.5MHz。

图 1.4.3(a)最右边是次级回路，包括一个圈数很多的次级线圈和一个高耸在顶端的放电金属托球。导电托球与地面构成一个等效电容 C_2，C_2 和次级线圈的电感也形成一个 LC 振荡回路。当初级回路和次级回路的 LC 振荡频率相等时，初级线圈发出的电磁波的大部分会被次级振荡回路吸收，使得放电顶端和地面之间的电压逐渐累积升高。这时，如果人体靠近顶端的托球，高电压的托球便通过人体产生放电，形成很小的电流。如果在电流的通路上再串联一个荧光灯泡，电流就能使灯泡发光。特斯拉经常邀请投资人和好朋友们参与此类电闪雷鸣的实验。著名美国作家马克·吐温对这类实验总是自告奋勇，图 1.4.3(c)便是马克·吐温在特斯拉的实验室里让电流通过身体再点亮荧光灯时所拍的照片。

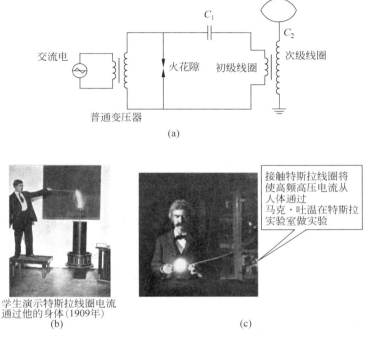

(a)

学生演示特斯拉线圈电流
通过他的身体(1909年)
(b)

接触特斯拉线圈将
使高频高压电流从
人体通过
马克·吐温在特斯拉
实验室做实验

(c)

图 1.4.3　特斯拉线圈原理图与相关实验

　　特斯拉对共振现象痴迷,还可从这样一件传说的趣事看出:1898 年,特斯拉在纽约的实验室里试验一个装在铁杆上的小型电气机械振荡器。他在逐渐缓慢地调整振动频率的过程中,没想到竟然使整栋大楼都颤动起来了,甚至招来了纽约警察,此时他才赶快抢起锤子,砸坏了这个该死的振动装置。

4. 真正无线电之梦

　　特斯拉有了能造出闪电的线圈之后,进一步突发奇想,将特斯拉线圈的线路进行一定的改动,发明了无线电发射机。后来人们心目中的无线电之父是意大利物理学家马可尼,但实际上是特斯拉第一次提出了完整的无线通信系统的设想。不过,特斯拉并不仅仅满足于只是无线地传递信号。现在,人类有了无线的电传、电话、视频、网络,无论是声音、图像,还是复杂的数据,都能转眼就传到千里之外,通信技术已经达到了登峰造极的水平。但是，几乎所有的家用电器，还是一定要连着两根电线以接通电源。即使是小到能装在口袋里的手机、电子表，也少不了其中那个关键的元件——电池。换句话说，我们现有的无线电，只是传输信号时"无线"，而凡是与能量有关的传输，用的仍然是由导线传输的交流电！

大师毕竟是大师，我们现在每天所享受到的以全球交流输电网为基础的人类文明，是特斯拉在 100 多年前发明的。我们现在还做不到的事情——无线输电，大师在一个世纪之前就为我们想到了，并且重要的是，他不单单是预见、想象，还为此奋斗终生，花费了数年时间进行探索和实验，试图造出全球无线输电系统，实现他的"真正无线电"之梦[13]。

特斯拉比其他发明家伟大的地方在于他不仅仅做些鸡毛蒜皮的小发明，还考虑世界级、宇宙范围的大问题。

特斯拉利用电磁共振，制造了闪电，发明了无线电通信，震动了大楼……但他不满足，他还要用他的电磁共振来控制气象、消灭战争，用他的无线输电来造福人类，他要把整个地球和电离层都纳入他的特斯拉共振线圈之中。尽管当今的无线电通信使用的也是他的专利，但是他对于无线输电构想的基本原理却不同于无线通信的原理。他安装在沃登克里夫巨塔上的所谓"放大发射机"，主要功能不是用来向空中四处均匀地发射电磁波，那种远场方式发射的电磁波的能量，将随着距离的增大而很快衰减，特斯拉认为那是一种浪费。特斯拉感兴趣的是"近场"电磁波的效应，这种近场电磁波可以诱发地球和电离层之间的巨大电容所参与的"全球电振荡"。特斯拉的目的是要让这个巨大的电容器储存他的"放大发射机"发出的电能。这个某种频率的振荡能量，以表面电流（或电磁波）的形式，沿着地球表面环形流动。如果没有接收器与其共振，这个能量不会损耗，或者只有很小的损耗。

特斯拉无线传输电能的想法类似于交流电传输过程中的无功功率部分。交流电在电感电容之间来回流动，这对于传输是必要的，但如果没有负载，电磁能并没有转换成其他形式的能量。特斯拉的无线传输电能的思想也是这样，发射机在地球与电离层之间建立起大约 8Hz 的低频共振，只与天地谐振腔交换无功能量。放大发射机发出电能,然后传输、储存在地球磁场中,直到在地球的另一个地点,有一个接收器与这个频率产生共振。那时,接收器因为共振而将能量吸收过来,达到输电的目的。特斯拉甚至还进一步地构想:接收器接收到的,还有可能不仅仅是从人造的发射器中送来的能量,也许还附加上一点地球磁场中原来的能量。这样想下去,有点像是个永动机模型了。实际上,特斯拉的确认为,宇宙本身就是一个永动机。特斯拉做着伟大梦想,还付诸实践,为了未来的人类能用上取之不尽的免费能源!

特斯拉说:"我们需要发展从永不枯竭的资源中获取能量的手段。人类最重要的进步仰赖于科技发明,而发明创新的终极目的是完成对物质世界的掌控,驾驭自然的力量,使之符合人类的需求。"

无论如何,当马可尼使用特斯拉的多项无线电专利,成功地在英国进行了5000m范围内的无线信号传输时,我们伟大的发明家,来到了科罗拉多州的科泉市(Colorado Springs),展开他的一系列秘密实验。

据说科泉市是美国电闪雷鸣最多的地方。特斯拉认为,闪电就是大自然进行无线输电的一个例子。闪电发生的那个瞬间,空气分子被高电压离子化而成为导体,强大的电能从一个地方传送到另外一个地方。现在,我们既然能人工地做出闪电,也就能在不远的将来,做出人工无线输电!

因此,特斯拉在科泉市建造了一个巨大的特斯拉线圈,一架 145 英尺①的天线从屋顶上高耸入云,天线顶端有一个铜箔圆球[图 1.4.4(a)]。就此,特斯拉开始了他的全球首次的电磁谐振实验。

特斯拉对实验结果很满意,得到了对地球电性能的一些结论作为无线能量传输的基础。比如,特斯拉根据实验结果计算出,地球和电离层的谐振频率约为8Hz,这与几十年后科学界的研究结果一致。

1901 年,特斯拉得到金融大亨 J. P. 摩根的赞助,在纽约长岛建造了沃登克里弗塔[图 1.4.4(b)],开始他的大西洋两岸无线输电之梦[14-15][图 1.4.4(c)]。不幸

① 　1 英尺＝0.3048 米。

的是,这项工程两年之后因为摩根将投资转向马可尼而停止。后来,特斯拉破产。1917年战争期间,美国政府以安全为名炸毁拆除了沃登克里弗塔,致使特斯拉全球无线输电的宏伟计划胎死腹中!

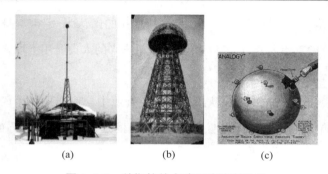

(a)   (b)   (c)

图 1.4.4　特斯拉的全球无线输电计划

(a) 科泉市实验;(b) 纽约长岛的沃登克里弗塔;(c) 斯特拉无线输电设想

直到现在,仍然有人在追逐特斯拉的足迹,进行无线输电的研究[16]。

晚年的特斯拉,孤僻落寞、一贫如洗,靠喂鸽子、吃救济来打发时日。他没钱再做实验,但脑中却仍然奇想不断。除进一步思考他的无线输电之外,还到各盟国游说他的"死亡射线"之类的新式武器。不过,他在公众的心目中,已经逐渐不再是敢想敢干的发明大师,而更像是一个想入非非的科技幻想家了。

还有几件颇具讽刺意义的事件:马可尼使用特斯拉的无线电专利,成功地实现了无线通信的越洋传输,后来获得1909年的诺贝尔物理学奖;传言特斯拉和爱迪生曾经拒绝分享1915年的诺贝尔物理学奖,因而最后此奖被颁给了布拉格;特斯拉和威斯汀豪斯共同与爱迪生进行交流与直流的战争,后来,两人都被授予过"爱迪生奖章"。

1943年1月7日,特斯拉孤独地死于纽约一家破旧的旅馆中。

特斯拉梦想的那种取之不竭的能源，也可以靠太阳能电池来实现。大多数太阳能电池用的材料是硅，因此，我们再返回到半导体特性的发现过程。

不同于半导体的姗姗来迟，人类使用金属的历史可一直追溯到几千年前的青铜器时代。虽然金属的最早用途是作为工具和武器，但早在 17 世纪，欧洲科学家已经开始对金属的导电性能有所研究和认识。他们把电流能流过的物体称为导体，不允许电流通过的物体叫作绝缘体。

当然，在现代人眼中，导体和绝缘体的差别更清楚、更量化了。科学家们用一个数字——电阻率，来区分它们。电阻率表明了物体阻挡电流的程度，数字越小，说明越不阻挡，即电流越容易通过。比如，一般将电阻率小于 $10^{-5}\,\Omega\cdot\mathrm{m}$ 的材料称为导体，如金属材料等；而将电阻率大于 $10^{8}\,\Omega\cdot\mathrm{m}$ 的材料称为绝缘体，如陶瓷、橡胶、塑料等。

看了上面所说的导体和绝缘体的电阻率范围，疑问自然就来了：导体的电阻率小于 $10^{-5}\,\Omega\cdot\mathrm{m}$，绝缘体电阻率大于 $10^{9}\,\Omega\cdot\mathrm{m}$，中间还有这么一大段，是怎么回事呢？显而易见，物理学家们将那一段范围的电阻率，留给了他们所钟爱的半导体。

用电阻率来区分导体、半导体、绝缘体，使得它们的界限看上去清楚，但同时却又使它们的界限变得模糊起来。这是因为，某种物质的电阻率并非一成不变，它会随着温度、光照等种种外界条件的变化而变化。刚才将导体、半导体、绝缘体等物质进行粗略分类的电阻率，指的是常温下的数字。如果这些条件变化了，各种材料的电阻率就会发生变化。也就是说，在一定条件下，原来我们称为半导体和绝缘体的东西，也有可能表现出导电的性能；原来导电的，也有可能变成不导电。例如，我们在本章的前面几节曾经介绍过的，半导体公主们具有天生的过敏体质，对很多东西都敏感，包括热、光、电流方向等。因此，当环境中的这些因素变化之后，半导体材料便可能从绝缘体成为导体。

半导体公主们还有另外一个重要的敏感特性——掺杂性。也正是这个特性，使得硅美人在黄土中昏睡百年却未被人认识。

为什么这样说呢？因为所谓"掺杂性"，是指只要半导体材料中加进了微量的杂质，就会使材料的性能有很大改变。而天然的沙子和石头中，虽然包含了大量的硅，但却是非常不纯净的硅材料，看起来和用起来，都只是黄沙一片，或者是一块坚硬的石头。睡美人不再单纯，入污泥而尽染！已经完全没有了纯净原材料的秉性。有谁能认识她呢？直到后来，科学家们发展了先进的提纯技术，硅材料的半导体特性，诸如前面所叙述的各种过敏性——热敏性、光敏性、整流性等，才能表现出来，半导体公主们也才得以尽展风韵，为人所知。

有趣的是，"水至清则无鱼"，太纯净的硅，虽然敏感，有时在应用上却不是最理想的。科学家们发现，如果提炼出了纯净的硅晶体后，再在其中人为地掺和一些特别的杂质，将会得到某些特殊的有用性质，这就是我们下面要介绍的PN结。

尽管很早就有了矿石收音机，但在20世纪40年代之前，无线电设备大多使用真空管。因为当时的半导体（矿石）用起来，是如此不稳定和神秘莫测，那根"猫胡子"需要在矿石上移来移去地仔细探索磨蹭半天，才能使收音机响起来，远不如真空管元件使用起来既简单又保险。特别是在1907年，美国发明家德·福雷斯特·李（De Forest Lee）在真空二极管的灯丝和板极之间巧妙地加了一个栅板，从而发明了第一只真空三极管之后，这个玻璃三脚猫的放大作用和开关功能，使得当时的半导体器件完全望尘莫及。

不过，醒过来的硅将这一切看在眼里，暗自发笑：别得意太早了！别看我们现在只是石头,但点石成金的日子已经不远了,人类终将会认识我们的优越性。有一天,睡美人突发奇想:且让我先到这个著名的贝尔实验室里,点上一把小火试试!

罗素·奥尔(Russell Ohl)是美国新泽西州贝尔实验室的一位研究人员。他一直研究硅晶体,并且注意到硅材料对纯度的敏感性。特别是有一次,1940 年 2 月 23 日那天,当他用猫胡子侦测器的一个旧晶体做实验的时候,发现一个奇怪的现象。

那块旧硅片黑乎乎的,看不太清楚,总也调不出电流来。于是,奥尔用手电筒照到硅片上,研究是怎么一回事。他注意到在硅片中间有条细小的裂缝,便用手电筒的强光照过去。咦! 奇怪的事情发生了:线路中连接着的电流表使劲地跳动了一下。于是,他连续地用手电筒光照射晶体及裂缝,电流表便连续地指示出一个比奥尔所期望的值大得多的数字! 然后,奥尔又将线路中电源的极性反过来接,电路却不通,电流表也不动了。

也就是说,这片硅晶体在光照下表现了整流性,而且诱发的电流比纯净的硅晶体诱发的电流要大得多。奥尔继续用光照来研究这片硅晶体,反复实验和测量后发现,在光照时,晶体的两边形成了一个 0.5V 左右的电压差,这是什么原因呢?

当时,晶体管发明者之一的沃尔特·布拉顿解释了这个奥尔认为古怪的现象。

沃尔特·布拉顿(Walter Brattain)1902 年出生在中国南方美丽的城市厦门,当时他的父亲正在中国任教。在美国长大的布拉顿获得物理学博士学位后,便一直在新泽西的贝尔实验室研究真空管。他被梅文·凯利叫来看奥尔的实验结果时,也感到很吃惊。不过,他脑中立刻就想到了答案。

原因一定是硅片上的那道裂纹! 裂纹使得晶体两侧的纯度不同,杂质也有所不同,因而造成了一侧有更多的自由电子,而另一侧则有更多的空穴。见图 1.5.1(b)。由于电子空穴的异性相吸作用,它们的移动使得在中央裂纹处形成一个薄薄的电压差,这样电子便只能在一个方向跨越电压差而流动。

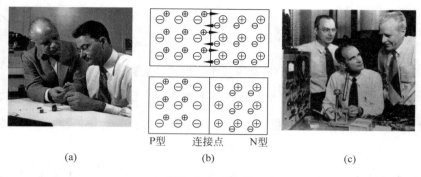

(a)   (b)   (c)

图 1.5.1　PN 结

（a）奥尔（左）和杰克·斯卡夫（右）在贝尔实验室；（b）PN 结的形成；（c）晶体管的发现者[约翰·巴丁（左）、威廉·肖克莱（中）、沃尔特·布拉顿（右）]

　　后来，专家们把有过多电荷载流子的半导体叫作 N 型半导体，有过多空穴载流子的半导体叫作 P 型半导体。当这两种形态的半导体接触在一起时，就形成了一个 PN 结。

　　在奥尔的实验中，由于光照，电子从 N 型半导体中被踢出来，朝一个方向（从 N 到 P）形成电子流，这其实就是硅材料的光电效应。奥尔所用的硅晶体，就是现代太阳能电池的始祖。

　　果然不出硅美人所料，这把小火照亮了决策者们的眼睛。也就是从奥尔发现 PN 结的那一天开始，贝尔实验室改变了对硅晶体的想法，谁知道呢，没准这小玩意还真能替代又大又重的真空管啊！

　　第二次世界大战更是突出了对半导体新材料研究的紧迫性。1945 年夏天，贝尔实验室正式制订了一个庞大的研究计划，决定以固体物理为主要研究方向。这个计划直接导致了晶体管的发现。1948 年，贝尔实验室的 3 个年轻人：威廉·肖克莱、约翰·巴丁和沃尔特·布拉顿[图 1.5.1（c）]，成功地制成了世界上第一个半导体三极管。这个被称为"三条腿的魔术师"的小东西，使他们获得了 1956 年度的诺贝尔物理学奖，也使人类迈向了一个崭新的固体电子技术时代。

　　后来，肖克莱到加州创建硅谷，招聘人才，将神秘的硅火在硅谷点燃。

从 20 世纪 50 年代开始,特别是号称八大金刚的肖克莱的追随者们创建了仙童半导体公司,发明了第一个实用的集成电路之后,半导体技术的发展就如日中天。

集成电路的最早构想,是 1952 年由英国雷达研究所的电子工程师杰弗里·杜默(Geoffrey Dummer)提出的。1958 年,得州仪器公司的基尔比用一个硅片,成功地制造出了一个振荡电路,他用半导体作电阻,一个 PN 结作电容。因为这个简单线路的 5 个元件集中在一个晶片上,所以成为世界上的第一个集成电路(图 1.5.2)。后来,仙童半导体公司的罗伯特·诺伊斯(Robert Noyce)利用蚀刻等方式,解决了集成电路中导线连接的方法,使集成电路真正走向实用。

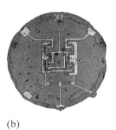

(a)　　　　　　　　　　　　　　(b)

图 1.5.2　基尔比和诺伊斯发明了集成电路

(a) 基尔比的集成电路；(b) 诺伊斯的集成电路

从发现、提纯、掺杂,到 PN 结,再到晶体管,最后到集成电路以及目前包含几十亿个元件的超大规模集成电路,半导体材料走过了一个漫长的历史,这是一个真正点石成金的过程。如今,睡美人眼中闪烁的硅晶之火,已在全世界掀起燎原之势,蔓延成熊熊烈焰,为人类开辟了一个计算机、通信、电子时代的新纪元。

第2章

特立独行的电子

2.1

原子模型的历史变迁

用物质的导电性能来区分导体、绝缘体和半导体,看到的是它们的表面现象。科学家们喜欢求本溯源,凡事总得问个"为什么"。为什么这 3 种物态的导电性会有所不同呢? 一定是因为它们的内部结构有所不同吧。这内部结构到底有何种不同,才会导致电学性质不同呢? 因此,我们首先研究物质的原子结构,才能明白导电性的差别从何而来。

物质是由原子组成的,原子又由原子核和绕着核层层旋转的电子构成,这是原子结构的经典模型。有了量子理论后,电子绕核转的行星模型不时髦了,物理学家们把电子的运动描述成某种波动,或者用"电子云"一词来表示,这让我们有了更多自由遐想的空间。

但无论如何,原子的结构总是原子核加电子。如果我们缩小到微观去观察一个原子,发现它有点像个大家庭:原子核比较重,体积大,就像一栋大房子,将父母和女人们留在了家里;电子呢,有的处于束缚态,在家园附近劳动,有的是自由的,出外打天下,人们将它们叫作自由电子。这些自由电子可以四处游荡,不仅跑到附近别的原子核边上,到邻居家里做客,还有可能漂流到千里之外,创造出丰功伟绩。人类最早认识的导电物质是金属,科学家发现,正是金属中的自由电子造成了金属的导电性。物质中自由电子的多少,便也可以用来区分金属和绝缘体。

我们再打破砂锅问到底,为什么原子核外面的电子,有的被束缚,有的是自由的呢? 为什么金属中有许多自由电子,而绝缘体中几乎没有呢? 这些问题又将我们带回到各种原子的不同结构、不同的原子模型上来。

原子结构理论经过了数次历史变迁,如同其他的物理理论一样,没有一个描述原子的模型是永远完美没有缺陷的。科学在不断地进步,本来被认为是正确的东西过一段时间就可能是谬误,原子模型也是如此。每一个模型在上一个模型的基础上发展起来,否定了它的前辈,然后过不了多久,它自身又被另一个新的模型所替代、否定。新的模型总是比上一个更迷人、更接近真理。这正是推动我们孜孜不倦地去进行科学研究的原动力(图 2.1.1)。

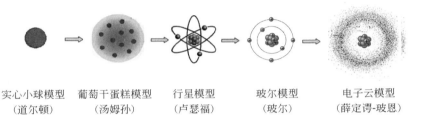

实心小球模型　　葡萄干蛋糕模型　　行星模型　　　玻尔模型　　　电子云模型
(道尔顿)　　　　(汤姆孙)　　　　(卢瑟福)　　　(玻尔)　　　(薛定谔-玻恩)

图 2.1.1　原子模型,从经典的实心球到量子力学的概率波

最开始给原子建立科学模型的是英国的道尔顿,他把原子描述成一个不可再分的、坚硬的实心小球。尽管这是一个错误的模型,但它首次将原子研究从哲学引进到科学范畴。从历史的角度看,仍然功不可没。

约翰·道尔顿(John Dalton,1766—1844)是位鞠躬尽瘁、死而后已,为科学献身的科学家。他年轻时从一位名叫高夫的盲人哲学家那里接受了自然科学知识。由于道尔顿自己是个色盲,所以他从自身的体验中总结出色盲症的特征,给出了对色盲的最早描述。并且,道尔顿希望在他死后对他的眼睛进行检验,用科学的方法找出他色盲的原因。1990 年,在他去世将近 150 年后,科学家对其保存在皇家学院的一只眼睛进行 DNA 检测,发现他的眼睛中缺少对绿色敏感的色素。

道尔顿为科学理想而献身、别无他求,他终生未婚、安于穷困,即使是英国政府给予他的微薄的养老金,道尔顿也把它们积攒起来,捐献给曼彻斯特大学作为奖学金。道尔顿是个气象迷,他从 1787 年 21 岁开始连续观测、记录气象,几十年如一日,从不间断。一直到 78 岁临终前的几小时,还为他近 20 万字的气象日记,颤抖地写下了最后一页,给后人留下了宝贵的观测资料。

道尔顿认为原子是不可再分的,但几十年后英国剑桥大学卡文迪什实验室的约瑟夫·汤姆孙却发现从原子中射出了电子,并因此获得了 1906 年的诺贝尔物理学奖。

汤姆孙使用真空管重复赫兹的阴极射线实验。他用几种不同的金属材料作为电极,证明了不同金属发出的阴极射线都是由同一种带负电的极小粒子组成的。汤姆孙还测出了这种粒子的电荷和质量比值。1897 年 4 月 30 日,汤姆孙在英国皇家学会的讨论会上演讲,宣布他发现了一种被称为"电子"的粒子。从此,电子,这个从原子中走出的第一种粒子,为人类开始了它们的各种舞蹈表演。

根据原子中存在电子的事实,汤姆孙于 1904 年提出原子的葡萄干蛋糕模型(或西瓜模型)。他将原子想象成一块均匀带正电荷的蛋糕,带负电荷的电子则像葡萄干一样镶嵌在蛋糕里面。

不过,葡萄干蛋糕模型的好景不长,很快就被汤姆孙的得意门生卢瑟福否定了。

卢瑟福对铀盐、钍盐及居里夫人发现的镭所放出的射线进行了广泛深入的研究,从而发现了 α 粒子。通过观察 α 粒子在电场和磁场中的表现,卢瑟福弄清楚了这种粒子的性质。由于研究 α 衰变对原子研究作出的重要贡献,卢瑟福被授予 1908 年的诺贝尔化学奖。

卢瑟福发现 α 粒子带正电荷,数值是电子电荷数量的 2 倍。既然 α 粒子是从原子中跑出来的带正电荷的东西,卢瑟福自然地联想到了老师的原子模型:α 粒子是不是从那个模型中分裂出来的一小块"蛋糕"呢?看来又不像,因为 α 粒子的体积似乎不大,质量却比电子质量大得多,是电子质量的 7300 多倍。均匀分布着正电荷的蛋糕,不可能有如此大的质量密度。

但是,蛋糕模型只是老师提出的假说,对错与否还需要实验的验证。于是,卢瑟福产生了一个新奇的想法,何不就利用这种高速而又质量颇大的粒子,来探测原子的内部结构呢。也就是说,把 α 粒子当作一个特务,打进原子去进行间谍活动,看看原子内部到底是怎么回事。

卢瑟福和他的助手汉斯·盖革博士立即开始了实验。他们利用镭所发射的 α 粒子束,轰击一片非常薄的金箔。然后,经过金箔散射后的 α 粒子间谍,各自带着在金箔原子中探测到的情报,被设置于各个方向的荧光屏收集记录下来。

这些 α 粒子间谍的能量很大,跑得极快,速度约为光速的 1/12!从原子旁边只能一晃而过,要想让它们像真正的特务那样潜伏在原子内部是不可能的。不过,卢瑟福和盖革进行实验的优越条件是能够以多取胜,他们做了一次又一次的大量实验,每次都派出了大批的奸细,结果,他们发现:

(1)大部分的间谍都能毫无阻碍地通过金箔,沿着原来的方向到达荧光屏;

(2)一小部分间谍穿过金箔到达荧光屏时,稍微受了点儿干扰,方向偏转了一个小角度;

(3)极少数的个别间谍就惨了,好像挨了当头一棒,找不着北了,方向被偏离了一个很大的角度,有时甚至被直接向后反弹回去。

从这些 α 粒子间谍提供的大量情报中,卢瑟福脑海中构造出了一个与老师的葡萄干蛋糕或西瓜模型不太一样的原子模型(行星模型):

(1)原子中大部分地方是空的;

(2)原子中心有一个很小、很重、带正电荷的原子核;

(3)带负电的、比核小得多且轻得多的电子在原子的其余空间中绕核运动。

不过,卢瑟福的行星模型很快就遭到经典电磁场理论的当头一棒。根据麦克斯韦理论,如果电子是在绕着原子核不停转圈,这个运动电荷应该不停地发射出电磁波,电子也就会连续不停地损失能量,因此电子轨道半径将连续地变小又变小,最后所有电子将会全部奔向原子核,大家庭的成员都回到家里聚成一团,哪里还有什么行星模型呢?换言之,行星模型不稳定!

另外,麦克斯韦的理论加上卢瑟福的模型,也难以解释氢原子光谱为什么不是连续的,而是一条一条分离的、线状的谱线。

当时，量子理论的思想正处于"小荷才露尖尖角"的萌芽状态。普朗克和爱因斯坦催生了这颗小芽，但他们两人却都不怎么喜欢它，都想把它掐死。

不过，玻尔来了，这个年轻人喜欢"量子"这个新鲜玩意儿，并立刻看出了在原子尺度上，应该用它来替代经典的电磁理论。

从上面的叙述中，我们也可以看出，卢瑟福的行星模型碰到的困难都和"连续"有关。第一个困难是经典的电磁理论预言了原子将连续发射电磁波而坍缩；第二个困难则是氢原子光谱不"连续"的事实。这不正好吗，量子理论的中心思想就是不连续，它就是专门用来对付这些因"连续"而产生的困难的。

于是，1913 年，玻尔便用"量子"的思想改进了卢瑟福的行星模型，建立了自己的原子模型。玻尔保留了卢瑟福模型中的电子轨道，但这些轨道不是任意的、连续的，而是量子化的。这些电子遵循泡利不相容原理，各自霸占着特别的轨道，也不能随便地、任意地发射或吸收电磁波，而是当且仅当它从一个轨道跃迁到另一个轨道时，才能"一份一份、不连续地"辐射或吸收能量。

当时的玻尔模型成功地克服了上述两个困难。不过，玻尔虽然对"量子"情有独钟，当时却对它的行为还了解不深。所以，玻尔模型还不是彻底的量子力学。原子模型的真正量子力学描述，是建立了薛定谔方程之后，被物理界所公认的电子云模型（图 2.1.2）。

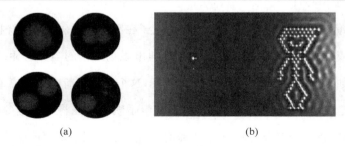

(a)　　　　　　　　　　　(b)

图 2.1.2　由扫描隧道显微镜拍摄的电子云和原子电影

（a）碳原子电子云（浅色部分）的几种组合方式；
（b）IBM 的原子电影《一个男孩和他的原子》

　　根据量子力学中最令人迷惑的不确定性原理和波动解释,电子云模型认为,电子并无固定的轨道,而是绕核运动形成一个带负电荷的云团,故称为"电子云"。

　　电子云模型被沿用至今,并且随着现代实验技术的发展达到了堪称神奇的地步。使用扫描隧道显微镜技术,科学家们不仅直接观察到了原子和电子云[图 2.1.2(a)],还能操纵和控制原子。国际商业机器公司(IBM)利用一坨冰冻一氧化碳,将环境温度降低至-260℃。然后,用 5000 个原子拍摄了一个世界上最小的电影:《一个男孩和他的原子》(A Boy And His Atom)[图 2.1.2(b)]。大家从中可以领略到现代实验技术的神奇。

2.2

能带论——为电子造房子

　　尽管对量子力学基础的解释至今仍然莫衷一是,但如果我们说量子力学是100多年来最成功的物理理论并不为过。从1900年开始,90%以上的诺贝尔物理学奖都被颁给了与量子理论有关的研究。而量子力学的成功事例中,建立于量子理论基础上的能带论尤其令人刮目相看。用固体中的能带理论,科学家们成功地从微观角度解释了导体、绝缘体和半导体导电性质的差别,从而才有了如此发达、造福人类的半导体工业。

　　了解了物质的原子模型后,我们又回到本章开始的问题:导电性的差别如何表现在物质的原子结构中? 或者也可以说,如何表现在电子的能带图中?

　　玻尔的原子模型给出了电子运动直观的空间图像:每个电子占据一定的、量子化的轨道,绕着原子核转! 但在使用玻尔模型时,我们务必要经常提醒自己:这只是一个经典化的原子图景,从量子理论的观点,电子运动是谈不上什么"轨道"的,必须代之以"电子在空间某点出现的概率",也就是电子云的概念。

　　因为在量子理论中电子轨道失去了意义,那么我们最好不用电子的空间图像来描述它的运动,而用它可能具有的能量值(电子能级图)来描述它,这就是刚才所说的能带论思想的最初来源。

　　量子理论诞生后的第一个成功实例,就是解释了氢原子光谱及其精细结构。因为氢原子中的电子是在原子核的库仑势场中运动,这种情形下的薛定谔方程可以在球坐标下用分离变量法精确求解。也就是说,可以得到氢原子中电子可能具有的所有能级,画出类似于图2.2.1(a)的能级图。

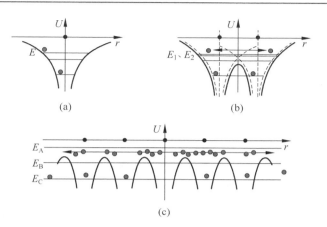

图 2.2.1 晶体中的电子共有化的过程(U:能量)

(a)单个原子能级 E;(b)两个原子 $E \rightarrow E_1$、E_2;(c)晶体中的电子共有化,能级分裂成能带

量子力学描述的微观粒子中,电子是一种费米子。有关费米子和玻色子及其遵循的统计规律,请参阅附录 A。根据量子理论,费米子遵循泡利不相容原理,每个电子都得占据一个不同的状态。用一个通俗的比喻来说,就是电子是特立独行的,它们不喜欢群居,而是要在能级图中有自己单独的"房间"。它们在原子周围分层而居,分级而站,互不侵犯,井井有条。从能量最低的状态开始排队进入,占据原子一个个分立的能级。

图 2.2.1(a)中表示的是电子能量随着电子离开原子核的距离而变化的规律。库仑势看起来像是顶大底小的一口井,这口井将运动电子束缚其中,而井中画的数条水平线便是电子可能具有的能量值,即能级。

分立能级就是图 2.2.1(a)中库仑势阱中的水平线,图中描述的是单个原子中的电子,各自都占据着互不相同的、分离的能级,就像一个家庭中几个兄弟分房而居的情形。

如果现在有两个一模一样的家庭(原子)靠得很近,如同图 2.2.1(b)所示,那情况会怎么样呢? 从图中可见,这时候,从外面看双家庭仍然有一个高高的库仑势垒,电子不能跑到双原子外边。但在两个家庭的内部就不一样了。能量小一些的电子仍然在自家屋内规规矩矩地住着；能量大一些的（比如图中能量为 E 的）电子，便可以到另一家去串门。它们好像变成了两家"共有的孩子"。不过，这两个共有电子仍然要求各自有自己的住房。因此，原来的能级 E 就分裂成了 E_1 和 E_2 两个非常靠近的能级。

让我们再更进一步，如果有很多这种一模一样的原子家庭靠在一起，情况又如何呢？其实这也正是在固体中常见的情形。图 2.2.1(c) 便是这种情况的示意图：能量小的电子仍然在家待着；能量大的如图中电子 E_A，便可以到处串门；即使是能量如图中 E_B 的电子，"串门"也是可能的，因为量子理论预言了隧道效应，正门不开还有隧道可通呢！因此，诸如能量为 E_A、E_B 这类电子，便成了所有原子的共有电子。无论是走正门还是穿隧道，这些共有电子都可以在整个固体（晶体）中自由自在地跑来跑去，我们将它们叫作自由电子。自由电子的存在决定了固体的导电性能。

固体中自由电子到底存在与否？数量有多少？这又与原子原来的能级结构有关。如上所述，晶体中的共有电子虽然自由，但它们还是保持原来那种特立独行、不愿群居的本性，每人要各住一层楼。所以，就和图 2.2.1(b) 所示的两原子情况类似，原来的一个能级产生了分裂，如果固体中总的原子数目为 N 的话，原来的一个能级就分裂成了 N 个能级。

如图 2.2.2(b) 所示，原子能级的分裂与原子之间的距离有关。当原子之间相距很远时，每个原子相当于单原子，电子处于相同的单原子的能级上。如果原子之间距离越来越近，单个原子的电子逐渐公有化，能级分裂成许多相隔很近、貌似连续的能级，形成能带。

图 2.2.2 简单地描述了固体中电子能带的形成。简单地说，就是由于固体中的原子互相靠近，形成电子共有。以硅晶体为例，硅原子之间距离很近，最短距离只有 0.235nm。因此，硅原子最外的电子壳层便发生互相交叠，这些电子不再局限于某个原子，而成为公有化的电子，从而使原来单原子电子的能级分裂成能带。价电子的能级分裂而形成的能带叫价带（valence band），价带之上的第一个，即能量

最低的那个允许电子占有的能带叫导带（conduction band）。导带和价带之间可以有空隙，称为能隙，或禁带（forbidden band）。对于不同的材料，禁带宽度不同，导带中电子的数目也不同，从而便有了不同的导电性。导带、价带和禁带之间的关系决定了绝缘体、导体、半导体的区别。

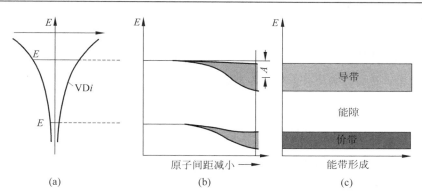

(a) (b) (c)

图 2.2.2 固体中电子能带（VDi：第 i 个激发态和基态的能量差；
A：基态分裂成能带的宽度）

（a）单原子能级；（b）晶体中能级分裂成 N 个；（c）形成能带

如图 2.2.3(a)所示，绝缘体中，价带充满电子，导带是空带，导带和价带之间有很宽的能隙 E_g（禁带），价带中的电子很难突破这个禁带到达导带，所以绝缘体不能导电。

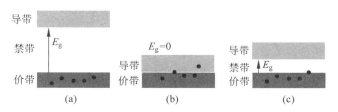

图 2.2.3 绝缘体、导体和半导体的不同能带结构

（a）绝缘体；（b）导体；（c）半导体

如图 2.2.3(b)所示，导体中没有禁带，$E_g=0$，导带和价带连在一起，甚至互相重叠，价带中的电子可以到达导带而成为整个固体共有的自由电子，所以导体有强导电性。

图 2.2.3(c)所示的则是半导体的情况。类似于绝缘体，半导体也有导带、价带和禁带。价带也是满带，但是价带和空带之间的能隙 E_g 很小，也可能有交叠。这样它就很容易在外界作用（如光照、升温等）下发生跃迁而发生导电现象。但一般它的导电性能比导体要差得多，因而称为半导体。

能带论是研究固体最重要的理论基础，它的最大成就是解决了经典电子论难以解决的许多问题，解释了半导体中的诸如光敏、热敏、掺杂等各种现象，是量子力学在固体中应用最重要的结果之一。

从上面的叙述我们知道，在固体中，单原子电子的一个能级可以分裂成多原子的多个共有电子所可能占据的一条能带。能带中包含了 N 个靠得很近的分立能级。这个 N 所代表的是固体中的原子数，是个非常大的数字。例如，每 $1\mathrm{cm}^3$ 的硅材料中，就含有 5×10^{22} 个硅原子。因此，可以认为一条能带包含了无穷多个连续的能级。所以，在图 2.2.2 和图 2.2.3 中，分裂成多个能级的能带被表示成一片连续区域。

但是，通常我们看到的能带图并不是一片连续区域，而是一条一条的曲线。比如说，图 2.2.4(a)所显示的，便是半导体硅的一部分能带图。图中数条曲线龙飞凤舞，并没有如图 2.2.3 中的那种连续区，这又是怎么回事呢？

其中最主要的奥秘，是因为我们在图 2.2.3 中，只画出了能级的高低，忽略了电子运动时的特征：动量。而电子的能量和动量是相关的。这点概念在经典力学中就已经很清楚了，如果考虑相对论力学，也有相应的能量动量关系，只不过公式略有不同而已。在量子力学中，电子的运动用波函数描述，能量动量关系便被能量与波矢之关系所代替。

比如说，研究脱离了原子束缚的自由电子的能带图[图 2.2.4(b)]。自由电子的能量 E 与其波矢 k 的平方成正比，如果将自由电子的每个能级所对应的波矢大小也考虑进去,将波矢作为横轴的话,图 2.2.4(b)左图中的灰色连续区域,就演变成了图 2.2.4(b)右图中的连续曲线。

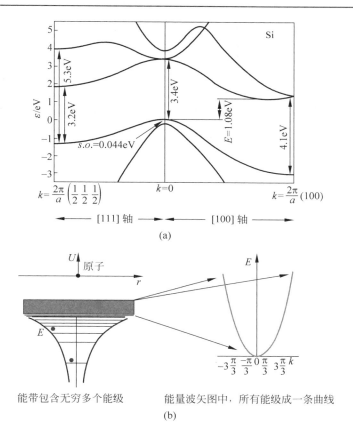

(a)

能带包含无穷多个能级　　　　能量波矢图中,所有能级成一条曲线

(b)

图 2.2.4　能带图在动量空间中展成曲线

（a）硅原子的能带图；（b）自由电子的能带图

用个通俗的比喻来说明这个问题。图 2.2.4(b)左图中的连续区域中,用一条水平线表示某个电子占据了这层楼,而实际上电子只住在这层楼的一个房间,电子所占楼层的高度还与房间离中心的距离(动量或波矢)有关,图 2.2.4(b)右图便描述了楼层高度与此距离的关系。

现在再回过头来看图 2.2.4(a),就比较明白了,那些一条一条的曲线,原来是表示在波矢空间中,硅原子电子的不同能带! 某种晶体材料的能带图,描述的就是具有一定波矢的电子可能具有的能量数值。

所以,什么是能带图呢? 能带图就像是每种材料,比如硅,为电子这个独行大侠,规划和建造的一间一间它们可以单独入住的房子。

这些房间不是建造在普通空间,而是动量空间,或称波矢空间。那么,读者可能仍然心存疑惑:这里所谓的"波矢空间"是什么意思啊? 在下节中将对此详细解释。此外,晶格中的能带理论是布洛赫在导出周期势场中布洛赫波的基础上建立的,对此我们也将在 2.4 节中做更多的叙述。

能带论应用的最重要领域是固体,大多数固体是原子整齐排列的晶体。为理解波矢空间,我们首先介绍一点固体物理的基本知识。

固体中所谓的自由电子,并不是绝对自由的。每个自由电子都是在所有的晶格离子以及其他所有电子产生的平均势场中运动。晶体中的离子形成各种规则的、周期性的排列。这种规则性和对称性,因各种材料的不同而不同。比如说,硅晶体的结构是一种面心立方结构。简单地说,面心立方晶格就是由一个一个的立方体组成,除在立方体的顶点上各有一个硅原子(离子)之外,在 6 个面的中心处还各有一个硅原子,见图 2.3.1(a)。硅晶体中的自由电子就在这种原子排列构成的周期势场中运动。

很有趣。看看与晶体研究有关的几位物理学家,名字翻译成中文之后都是姓"布"的。比如说,大家可能听过:布拉维晶格、布拉格反射、布洛赫波、布里渊区。罗列一遍这几位"布先生"对固体物理的贡献,我们对晶体结构及其能带的知识也就略知一二了。

第一位布先生是 200 多年前出生的法国物理学家奥古斯特·布拉维(Auguste Bravais,1811—1863)。尽管早在 16 世纪后期,人们就对晶体外在表现的规则形状有了粗浅的认识,但直到有了原子模型之后,科学家们才开始根据晶体的外部形状,揣摩它们的内部结构,试图给出原子在物体中规则排列的各种可能性。正是这位布拉维先生,首次将群的概念应用到物理学,于 1845 年得出了三维晶体原子排列的七大晶系和所有 14 种可能存在的点阵结构,为固体物理学作出了奠基性的贡献[17]。

硅晶体的面心立方结构示意图
(a)

布拉维　　　　　　布洛赫

布拉格父子　　　　布里渊
(b)

图 2.3.1　硅晶体的晶格结构和对固体物理有重要贡献的几位科学家

　　布拉维建立了晶体的点阵模型（见附录 B），但是到底哪种物质晶体具有哪种点阵呢？这还得用实验一个一个确定。也就是说，最好是有某种方法，能够打进晶体内部去看一看。"看"东西的最好手段不就是使用各种颜色的光吗？但是，普通的光对探索晶体好像无能为力。那时候，科学家们刚刚结识了一位陌生的女士，因为不了解她的个性，人们称她为"X 射线"，或"伦琴射线"。德国科学家威廉·伦琴（Wilhelm Röntgen，1845—1923），就因为苦苦追求这位"才女"而捧走了瑞典国王第一次颁发的诺贝尔物理学奖。尽管伦琴很谦虚、很低调，还全部捐出了诺贝尔奖奖金，并且放弃了发现 X 射线的专利权，同时也坚决反对用自己的名字命名 X 射线，但人们经常还是固执地称 X 射线为伦琴射线，以纪念这位伟大的学者。

　　伦琴射线能干很多可见光干不了的事情。诸如穿透人体显示骨骼之类的事情,它干起来得心应手,令人称羡。当时的物理学家们猜测,伦琴射线其实就是与可见光本质相同的电磁波,只不过波长短得多而已。但如何证明这一点呢?要证明波动性的最好方法就是让它产生干涉或衍射图案,像可见光经过光栅时产生衍射那样。但人们做不出这种光栅,因为尺寸太小了! 光栅只对与其尺寸大小相仿的波动表现出衍射现象。这也和显微镜分辨率的概念一样:要想看清物体,必须使用波长小于或等于物体尺寸大小的光才行。而要观察波长范围在 0.01～10nm 的伦琴射线的波动性,需要用原子尺度的光栅!

　　对了,晶体结构不就是一种天然的、原子尺度的光栅吗? 最早做这件事的是德国物理学家马克思·冯·劳厄(Max von Laue,1879—1960),他因此获得了 1914 年的诺贝尔物理学奖。后来,这个领域又加入了两位"布"先生,还是父子兵共同上阵,他们是威廉·亨利·布拉格(William Henry Bragg,1862—1942)和他的儿子威廉·劳伦斯·布拉格(William Lawrence Bragg,1890—1971)。最后,这对布拉格父子分享了 1915 年原来传说要颁给特斯拉的诺贝尔物理学奖,这是唯一一次父子同台领奖,被传为佳话,并且,小布拉格当时只有 25 岁,是迄今为止最年轻的诺贝尔奖得主。

　　布拉格父子所做的诺贝尔奖级贡献,其实看起来很简单。如果说劳厄的工作证实了 X 射线是一种电磁波,那么布拉格父子则是用这种电磁波开创了 X 射线晶体结构分析学,为后人用 X 射线,以及电子波、中子波等研究各种晶体结构建立了理论基础。图 2.3.2 是布拉格反射定律的示意图。由图可见,对某个入射角 θ,如果从两个距离为 d 的平行晶面反射的两束波之间的光程差,正好等于波长 λ 的整数倍时,便符合两束波互相干涉而加强的条件:$2d\sin\theta=n\lambda$,这个公式也称为布拉格方程。此外也会有另外一些角度,可能符合两束波互相干涉而相消的条件,如此一来,我们就能在接收屏上观察到衍射图像。

　　两位布拉格先生同时被授予诺贝尔物理学奖,自然引起了人们的质疑:这个工作恐怕主要是由父亲做的吧? 这种说法不知是否也曾经使小布拉格苦恼过。他可能并不在乎,因为他有独自发表的第一篇论文,强烈地、毫无疑问地证明了他在这个领域的贡献和能力[18]。

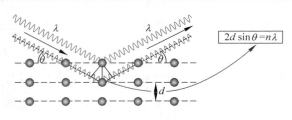

图 2.3.2　晶体中的布拉格反射

　　1896 年,只有 6 岁的小布拉格因为骑自行车摔跤而受伤。父亲带他用当时澳大利亚新装配的第一台 X 射线发生器,拍了一张儿子肘部受伤部位的 X 线照片。也许从那时开始,小布拉格就牢牢地记住了这位能干的 X 射线女士。

　　1912 年,劳厄发表有关 X 射线衍射的论文时,小布拉格正在剑桥大学做研究。劳厄的工作立刻引起了小布拉格的兴趣。不到 4 个月之后,他就以《晶体对短波长的电磁波的衍射》为题向剑桥哲学学会报告了他的研究成果。

　　在文章中,小布拉格成功地解释了劳厄的实验事实,并提出了晶体衍射的布拉格方程,巧妙而方便地借用镜面反射规律来描述晶体中各原子对电磁波的衍射效应。不过,他当时在文章标题中用的是"短波长的电磁波",而不是"X 射线"一词,这是为什么呢？其原因与老布拉格当时对 X 射线的看法有关。开始时,老布拉格认为 X 射线不是波,而是一种微粒,他试图用微粒理论来解释劳厄的照片,但失败了。夏天布拉格一家人在海滨度假的时候,父子俩讨论过这个问题。小布拉格回到剑桥后发现,如果使用某种"短波长的电磁波"的概念,就能够完美地解释劳厄观察到的现象,证实 X 射线是一种电磁波。但是,受父亲观点的影响,小布拉格尚未确定这个短波长的电磁波,到底是入射的 X 射线本身,还是 X 射线通过晶体时激发产生出来的另一种次级电磁波。后来,老布拉格用实验观察证实了衍射后的出射波也是 X 射线,才接受了 X 射线就是一种电磁波的理论,转而和儿子一起,潜心

研究晶体结构分析的实验方法,并对多种晶体进行了测试,奠定了用 X 射线衍射来
确定晶体结构的理论基础。

　　图 2.3.3(a)是晶体衍射实验示意图。根据布拉格衍射条件(见附录 B),衍射
图像亮点的位置与原子间距离 d 的倒数有关。

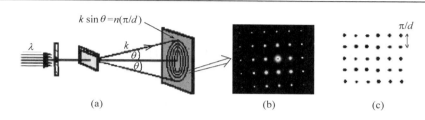

图 2.3.3　晶体衍射实验得到倒格子的图像
(a) 衍射实验;(b) 衍射图像;(c)"倒格子"空间

　　综上所述,图 2.3.3(a)所示的衍射实验,得到如图 2.3.3(b)所示的衍射图像,
这个图像看起来是某种格点空间的映像。这个新格点空间不是晶格本身,但是又
和原来的晶格有关系。新格点间的距离正比于原来晶格原子间距 d 的倒数。而
且,新格子空间的量纲也倒过来了。原来的晶格是在真实空间中,点间的距离 d 是
长度的量纲,而新格点间的距离(π/d)的量纲是长度的倒数。既然数值和量纲都是
倒数的关系,人们便把这个虚拟的空间叫作"倒格子"空间,见图 2.3.3(c)。

　　从数学的观点看,倒格子是原来周期性晶格的傅里叶变换[19]。说到傅里叶变
换,大家比较熟悉的是从时间空间到频率空间的变换,将时间的周期函数变换成频
谱。比如,我们用光谱(光线的频谱)来研究光线中包含的各种颜色,用乐谱(声音
的频谱)来表示音乐。对晶体来说,傅里叶变换则是将通常的坐标空间变换成了波
矢空间。而原来坐标空间中的晶格,则变换成了波矢空间中的倒格子。无论是正
格子,还是倒格子,都属于我们在前文中提到过的布拉维点阵。并且,正格子和倒
格子在对称性方面互相关联,产生许多有趣的特性,在此不再赘述,读者可参考有
关文献[20]。

　　现在,我们知道晶体的衍射图像对应于倒格子,就更加明白了布拉格父子工作

的重要意义。因为固体中原子的晶格结构，是很难用显微镜直接观察到的。但是，X射线的衍射图像却早就可以得到。从X射线的衍射图像我们可以计算出"倒格子"空间的几何结构，然后，再从"倒格子"空间反过来又能计算出正晶格的相关常数，这样，晶体的结构不就一目了然了吗？因此，波矢空间及倒格子的概念，对研究固体物理意义非常重大。探测晶体结构，不仅可以使用X射线，也能用电子或中子衍射。从量子力学的观点看，这些粒子(或电磁波)都具有波粒二象性，波矢反映了波动性，粒子性则可用动量表示。波矢与动量之间只相差一个常数因子，因此，波矢空间有时也称为动量空间。

固体的晶格结构清楚了，就方便从理论上求解薛定谔方程，从而研究电子在固体中的运动规律。因此，2.4节我们又将返回讨论固体中电子能带的问题。

1928 年，当爱因斯坦、玻尔等人正在为如何诠释量子力学而争论不休的时候，量子理论创始人之一维尔纳·海森堡的学生，一个年轻人，却另辟蹊径，独自遨游在固体的晶格中。

他就是瑞士物理学家、1952 年诺贝尔物理学奖得主费利克斯·布洛赫（Felix Bloch, 1905—1983）。布洛赫对固体物理的贡献是求解了晶格中电子运动的薛定谔方程，并以其为基础建立了电子的能带理论。

那年他 23 岁，想要用量子力学来解释电子是如何"偷偷地潜行"于金属中的所有离子之间的。电子在晶体中的运动，可以看成是自由电子在原子周期势场中的运动。既然势场是一个周期函数，布洛赫很自然地想到了傅里叶分析——这个处理周期函数最强大的数学工具。布洛赫将此方法用于薛定谔方程，再进行一些近似和简化之后，高兴地发现自己得到了一个很好的结果，把它写进了他的博士论文《论晶格中的量子力学》中[21]。

电子在晶格中的运动本是一个多体问题，非常复杂，但布洛赫做了一些近似和简化后得出的结论直观而简明。他研究了最简单的一维晶格的情形，然后再推广到三维。

布洛赫首先解出真空中自由电子（势场为 0）的波函数及能量本征值。然后，他将影响电子运动的晶格的周期势场当作一个微扰，如此而得到晶格中电子运动薛定谔方程的近似解。

根据布洛赫的结论，晶格中电子的波函数，只不过是真空中自由电子的波函数振幅被晶格的周期势调制后的结果(图 2.4.1)。

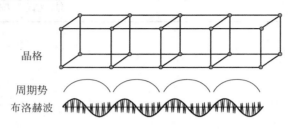

图 2.4.1 晶格中的布洛赫波示意图

布洛赫继而又考虑这种调制效应对自由电子能量的影响,用它来解释金属的能带,并推广到绝缘体和半导体,建立了固体的能带理论(见附录 C)。

从附录 C 的介绍中可知,布洛赫的简约能带图利用晶格及其倒易空间的周期性,将 k 值可取范围变成了有限的区间。这个区间叫作"最小的倒格子原胞",也常常被称为"第一布里渊区"[22],它的命名是为了纪念我们这里要介绍的最后一位布先生——布里渊。

法国物理学家莱昂·布里渊(Léon Brillouin,1889—1969),不仅定义了倒易空间中的布里渊区,对量子力学和固体物理的其他方面以及信息论都有所贡献。他早期在法国做物理研究,20 世纪 40 年代来到美国,曾经任职于哥伦比亚大学、IBM等,1969 年在纽约去世。

如附录 B 所述,晶体中的布洛赫波能具有的所有能量值,可以在第一布里渊区中完全确定。

图 2.4.2 是一维晶格中电子的能带图,其中图(a)简约后得到图(b)。

与真空中自由电子稍有不同,由于晶格中离子周期势场的影响,自由电子的抛物线形状的能带遭到了破坏,如图 2.4.2(a)所示。这个破坏主要是发生在布里渊区的边界上,也就是满足布拉格衍射方程的那些 k 值。为什么发生这种情形呢?因为在远离这些边界值处,电子仍然可以近似地视为自由电子,符合平方(抛物线)规律,而在这些 k 值附近,周期势场傅里叶展开后的分量值比较大,势场值对电子运动的束缚作用加强,在布里渊区边界处破坏了原来曲线的连续性。也正是这种破坏,使得简并的能级发生分离,从而产生了禁带。从物理角度来解说,则是因为晶格对这些平面波的波矢量产生强烈反射,反射波与原来的波叠加相干,从而形成驻波,不再具有原来那种携带能量到处传播的平面波形态。换言之,共有电子原来可以具有的某些能量值不复存在,这些能量值的范围形成了禁带,即图 2.4.2 中的灰色区域。

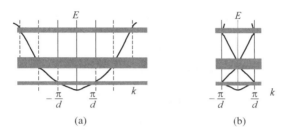

图 2.4.2　从整个倒矢空间的能带图简约成有限的布里渊区的能带图

（a）k 值从 0 到无穷大；（b）k 只在布里渊区取值

2.5
电子如何分房入住

费米能级(Fermi level)是半导体物理中的重要概念,不可不知。

前面几节中介绍的能带图,描述了晶体中的电子可能具有的能量值。打个不十分恰当的比喻,能带图就好比是在一个蜿蜒连绵的山区中,沿着高高低低、层层重叠的山坡建造的许多房子。每种晶体有各自独特的建房方案。所有这些房子都是单间房,因为电子绝不与别人同居。每间房子,电子可能住进去了,也可能还没住。电子到底住没住? 住进某个房间的概率是多少? 在一定的条件下,电子是如何分布在这些房间中的呢? 很遗憾,这些从能带图上看不出来。那么,哪一个参数才会告诉我们这些信息呢? 这个参数就是费米能级。

所以,费米能级并不高深神秘,只是具有能量量纲的某个数值而已。不过,一个参数就能提供给我们这么多的信息,这个数值也还是挺神的。

费米能级可以告诉我们电子的分布情况,所以应该和统计现象有关。作为费米子,电子遵循费米-狄拉克统计。对此,请参阅附录 A。

我们说过,每个电子都要占据能带图上的一间房间。有的读者可能会问:"一间房是什么意思呢? 是不是一个能级呢?"其实不是这样,这也是从能带图上看不出来的。更确切地说,一间房是指一个量子态。不同的量子态由不同的量子数来决定。同样的能量数值,还可以有多个量子态,因为还可以有诸如角动量、自旋等的不同。包含不止一个量子态的能级被称为"简并能级"。

另外,在附录 A 中介绍的"经典粒子、玻色子、费米子"这 3 种粒子,还有一个共同的有趣性质:大家都喜欢住在低处,即能量更小的地方。特别是在温度接近绝对零度左右时,这些小粒子们的运动几乎停止了,一个个疲惫不堪、苟延残喘,只要有可能,便都拼命想往低处靠,好像越低越保险似的。所以,经典粒子和玻色子在接近绝对零度时,全部都挤在那个最底层的大房子里,就像无家可归者挤在难民营里一样,反正又没有什么"泡利不相容原理"来限制它们。

这时,费米子倒显出一点骨气,它们仍然坚持自己要独居的风格,井井有条地一个一个排队入住到给它们打造的单间量子态中。由于它们要遵循泡利不相容原理,所以就不可能所有的电子都住在底层,底层住满后便第二层、第三层、……地排上去。粗略地说,最后那个电子入住的房间高度(能量)值,便是费米能级。为什么这里加上个"粗略地说"呢,这是因为要精确地定义费米能级,是需要用点不怎么讨人喜欢的公式的。

总之,大家现在明白了,费米能级的概念的确很简单,不就是一个能量数值的标准吗?按刚才所说的意思,假设任何高度都连续地建有房间,那么,在这个标准之下,房间全被住满了;而在这个标准之上的房间则全部空着。

以上的理解完全正确。不过,刚才所说的是接近绝对零度时的情况。如果温度升高一些,情况则略有不同。温度升高了,电子的动能增加了,它们不像原来那么老实了,而是在房间里跳来跳去,也不太屑于那种要住得低一些的老观念,而是四处窥探有无可乘之机!住在比较靠下的电子伸头一看,周围房间全都住满了,太高的地方又跳不上去,所以只好仍然规规矩矩地在原处待着,集聚更多的内力,等待温度再升高。而那些靠近费米能级、原来就住得比较高的电子就有希望啦!它们有的已经蹦到比费米能级还高的地方去了。温度越高,电子上蹦成功的可能性就越大。

所以,当热力学温度 T 不为 0 的时候,费米能级并不是"住了电子"和"没住电子"的分界线。对这种情况,物理学家费米和狄拉克各自独立地导出了一个相同的公式,这就是我们现在称为费米-狄拉克统计分布的公式(请参阅附录 A):

$$f(E) = \frac{1}{\exp\left(\dfrac{E - E_{\text{F}}}{kT}\right) + 1} \tag{2.5.1}$$

式中，E_F 就是费米能级，$f(E)$ 是占据能量为 E 量子态的电子数目。所以说，费米能级虽然只是一个数，但是知道了这个数就知道了在某一个温度下，电子入住各个房间的分配情况。这些电子的能量（E）可以低于费米能级，也可以高于费米能级，只是电子住或不住的概率有所不同而已。这个概率便与表达式(2.5.1)有关。

综上所述，温度升高时，只有费米能级附近的电子才容易跳来蹦去，参与热跃迁或产生电荷的运输过程。换言之，只有住在费米能级周围的电子最善于跳舞，它们一边跳一边自由自在地移动、转换房间，而住得远离费米能级的电子则只会在房间里转圈圈。这也正是固体表现导电或不导电，决定各种物理性质的机制所在。所以，在能带图中，我们感兴趣的也只是费米能级附近的能带结构，因为它们决定了电子（或空穴）的输运性质（图 2.5.1，扫二维码看彩图）。

彩图 2.5.1

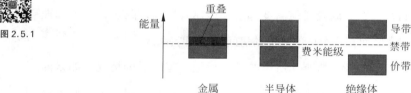

图 2.5.1　费米能级在不同材料能带图中的位置

在 2.4 节中我们描述了第一布里渊区，它是波矢空间中的一块区域。在波矢空间中还定义了另一个与费米能级有关的区域，叫作费米面。

又有点迷惑吧？费米能级不是一个数吗，怎么又变成一个面了呢？一个数变成一个面其实不难，比如说，给你一个数作为半径，你立刻可以在三维空间中画出一个球面来。费米面也是用类似方法画出来的，只不过不是在真实的三维坐标空间中画，而是在三维的波矢空间（k 空间）里画的。换句话说，费米面是在 k 空间中的一个等能量面，这个面上的点的 k 值（k_x，k_y，k_z）不同，但对应的能量数值却是相同的，等于费米能级与最低能量态的差别，或称费米能（Fermi energy）。

还需要提醒读者注意的是：我们从费米-狄拉克统计规律定义了费米能级，刚才又提到费米能。这在某些场合，比如处理费米气体的情况，是相关但不完全相同的两个概念,不过在半导体文献中却经常被混淆地用作同义词。因此,我们也不严格区分它们,只不过一般只说"费米能级"。

现在,考察一下 2.4 节中讨论过的自由电子,也就是忽略晶格离子作用时,能带为抛物线的那种情况。这时,能量正比于 k 矢量绝对值的平方,因此等能量面都是球面,自由电子的费米面没有例外,当然也是球面。既然自由电子的费米面是球面,也就有了费米球、费米海、费米半径之类的相应定义。

2.6

接触产生奇迹

真空中自由电子的费米面是球面,如果考虑固体中的离子晶格对共有电子的作用,这个球面便发生畸变。和以前讨论过的能带情形类似,费米面的畸变主要发生在布里渊区的边界处。因为晶体势场的影响使费米面的形状变得复杂,也就是使电子的输运性质变得复杂,所以,研究费米面的形状能对固体的导电机制提供许多有用资料,见图 2.6.1(a)。

费米能级是电子填充能级水平高低的标志。费米能级在能带图中的位置随材料的不同而不同,见图 2.6.1(b)。

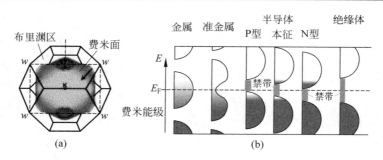

图 2.6.1　布里渊区和费米能级

(a) 铜的费米面和布里渊区;(b) 不同材料的费米能级

在公式(2.5.1)所描述的费米-狄拉克统计分布规律中,如果令电子的能量 E 等于费米能级 E_F,此时分布的概率为 1/2。当电子能量大于费米能级时,能级被占据的概率将小于 1/2;而当电子能量小于费米能级时,能级被占据的概率将大于

1/2。此外,从图 2.6.1(b)中还可以看出,对于半导体及绝缘体而言,费米能级并不是一个电子可以具有的真实能级,因为它位于能带图的禁带中。

材料的导电性与其原子结构有关。根据原子结构理论,如果最外层有 8 个电子,便能形成稳定结构。当最外层电子数不是 8 时,原子总是希望通过得失电子或者与其他原子共用电子来达到稳定结构。比如说,金属铜的原子的最外层只有 1 个电子,离稳定结构还差 7 个电子,差距太大了,所以原子希望失去它。因此,这个电子受铜原子的约束力比较小,孤零零的像个无家可归的流浪汉,很容易变成自由电子到处跑。正因为存在这些自由电子,铜具有良好的导电性。

对半导体来说,就不是那么容易形成自由电子了。因为常用的半导体材料如硅和锗,都是 4 价的元素,即每个原子的最外层有 4 个电子。不多也不少,刚好是稳定数目的一半,得到或失去足够的电子数都不那么容易。在这种情况下,当很多原子结合成晶体时,它们采取了一个好办法形成稳定结构。

如图 2.6.2(a)所示,硅和锗的原子外层有 4 个电子,就像是伸出了 4 只手分别和它周围最邻近的 4 个原子牵起手来形成共价键。如此一来,每个原子的最外层都像是有了 8 个原子,成为稳定结构。原子们都很高兴,不亦乐乎。不过,科学家们不满意,因为在这种结构下,半导体中没有多少自由电子,导电性并不强。

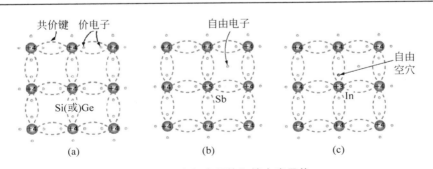

图 2.6.2　本征半导体和掺杂半导体

(a) 硅或锗的本征半导体;(b) N 型半导体;(c) P 型半导体

读者可能还记得：半导体对掺进其中的杂质很敏感。没有掺杂的纯净半导体叫作本征半导体。如果在本征半导体中加入少量的杂质，便能大大地改变材料的导电性能。比如，图 2.6.2(b)显示，是掺进的杂质原子最外层有 5 个电子的情况。掺杂后，杂质原子取代了原材料中的某个原子，也和其他原子牵起手来。但是，除4 个牵手的电子之外，它还有一个多余的电子。这个电子没人牵手，也就成了孤零零的流浪汉——自由电子。这些自由电子游荡在半导体中，加强了半导体的导电性。这种因电子多余出来而能导电的半导体称为 N 型半导体。

如果掺进的杂质的原子最外层有 3 个电子，情况又如何呢？看一下图 2.6.2(c)就明白了。这时候牵手的电子不够，少了一个，那也就等于是在晶格结构中多了一个"空穴"。这种情形其实和上面所述的 N 型半导体情形很相似，导电性也加强了，只不过这时形成电荷输运的粒子不是带负电的电子，而是带正电的空穴。这种由于空穴多余出来而能导电的半导体被称为 P 型半导体。

综上所述，半导体导电不同于金属导电。半导体中，导电的机制不仅可以是由于电子的移动，也可以是由于空穴的移动。电子和空穴都是能运载电流的"载流子"，在 N 型半导体中，电子是多数载流子，空穴是少数载流子。在 P 型半导体中则反过来。

掺杂对半导体的能带图［图 2.6.3(a)］会有什么样的影响呢？因为加进了与原材料不同的原子，所以产生了一些新的能级。对 N 型半导体来说，多出的是共有化的电子，增强了电子导电的能力，因此这些新能级紧邻原来导带的底部，见图 2.6.3(b)。

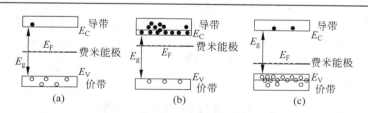

图 2.6.3　掺杂对半导体能带图的影响

（a）本征半导体；（b）N 型半导体；（c）P 型半导体

图 2.6.3(c)所示的是 P 型半导体掺杂后的能带变化情况。这种情况也会产生新的能级，但是，因为这时的多数载流子是空穴而不是电子，所以许多效应都正好与 N 型半导体相反。比如，因为掺杂而增加的新能级，将紧邻原来价带的顶部，而不是导带的底部了。

前面几节中所说的能带图，描述的是电子具有的能量。如果载流子是空穴的话，是否能画出它们的能带图呢？答案是肯定的，并且不难想象。空穴的能带图只不过是把电子能带图倒过来画（或者倒过来理解）就行了。的确是这样的，你们看，没有电子的导带，就是充满了空穴的满带；而充满了电子的价带，对空穴来说，不就是没有空穴的空带（导带）吗？

掺杂对半导体材料还有一个非常重要的影响，就是使费米能级在能隙中的位置发生了变化。如图 2.6.3 所示，本征半导体的费米能级基本上是位于禁带的正中央，离价带顶部和导带底部的距离几乎相等。因为费米能级的高低，是电子导电性的标志，也就相当于大多数电子"住在哪个高度"的一个平均值。N 型半导体的自由电子多了，更多的电子入住导带底部，所以，N 型半导体的费米能级便往导带方向移动。P 型半导体则反之，费米能级向下朝价带顶部移动。掺杂的浓度越高，费米能级便越靠近导带底（N 型）或价带顶（P 型）。

费米能级的重要意义还在于，它不仅能在某种单一材料中判断各个能级上电子的分布，而且当多种材料接触在一起，从非平衡向平衡过渡时，它是标志最后达到平衡态的一个重要参数。

两种材料接触而连成一个系统，它们原来的费米能级可能有所不同，这将会引起载流子的迁移，最后达到平衡时，整个系统将具有一个统一的费米能级值。

我们曾经将能带图比喻成在一个蜿蜒连绵的山区中，沿着山坡高高低低建造的许多房子。电子喜欢住得低一点，所以，在某一个高度之下房子全住满了，某个高度之上全空着，这个高度被称为"费米能级"。现在，如果两片费米能级不同的材料（山区）被打通了，电子可以互相搬来搬去，原来住在费米能级更高的区域的电子，便会发现另外一边有更低的房子，就会立即搬家到另外一边。这种迁徙会一直进行，直到两边住满电子的房间高度差不多了，也就是产生出来一个共同的、相等的新"费米能级"时为止。

在第 1 章中介绍过的猫胡子侦测器，是世界上第一个无线电通信半导体器件。从原理上来说，它实际上就是一个点接触二极管，是一个利用金属和半导体相接触，而产生整流效应的器件。

两种不同的材料相接触，或者同种材料但进行不同的掺杂后接触在一起时，电性能会有些什么样的变化呢？

即使是用一种单一的材料做成器件，使用的也只是晶体的一小块。晶体的各个面都和别的材料或者空气相接触。而晶体的能带图，是将晶格假设成无穷延伸的周期结构而得出的结论。所以实际上，能带的结构在靠近固体表面的地方应该有所不同。换言之，对半导体器件来说，表面效应以及不同材料接触后产生的变化举足轻重，不可忽视。接触能产生奇迹，有很多时候甚至是表面效应决定了器件的特性。

固体能带的形成是基于三维晶体的周期性，任何切割或加工都是对晶格的周期性和对称性的破坏。这种破坏效应增加了混乱，减少了电子运动的有序性，电子运动的可能状态将会增多，从而也就在原来能带图的基础上增加出许多附加能级。

材料切割处的表面势场不再与晶体内部的周期性势场相同了，所以材料表面的电子能级分布会发生变化。从晶体结构看，由于晶格在表面终止，表面上的每个硅原子就都有了一个未饱和键，它所对应的电子状态就是一类表面能级（达姆能级），如图 2.6.4(a)所示。

这些表面能级将如何影响半导体的能带呢？下面以切割了的 N 型半导体材料为例来说明这个问题。

对图 2.6.4(b)所示的 N 型半导体来说，电子是多数载流子。前面已经说明过了：N 型半导体因为共有的电子更多而具有更高的费米能级。那些在导带底部悬挂能级中居住的共有电子，虽然高高在上，却也住累了，颇感"高处不胜寒"。有一天，它们突然高兴地发现，右侧[图 2.6.4(b)中的假设]切割出一个边沿部分，并且盖起了许多更低的小房间（表面能级）。于是，这些电子便争先恐后地搬家，从内部向表面扩散迁移。

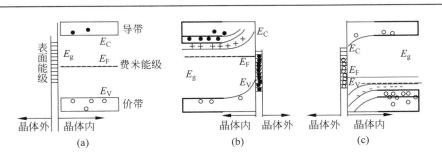

图 2.6.4　半导体的表面能级

（a）本征半导体；（b）N 型半导体；（c）P 型半导体

这次所说的"电子搬家"和前几节中的搬家有点不同。原来那种搬家的意思是指共有电子在不同的能级上跳来跳去，它们的运动状态改变了，但它们仍然是在整个晶体里到处游荡的自由电子，只不过跑得快点或慢点而已。而这里我们说的是表面能级，表面能级只在固体的表面存在，因此，所谓"电子占据了表面能级"，不仅仅是占据了那个量子态，而且电子还真正地来到了半导体的表面上，它的运动不再如原来那么自由自在，而是被局限在半导体的表面附近！相应的，图 2.6.4 所示的能带图中的横轴，也不是通常能带图中显示的波矢 k，而是真实的空间，图中用"晶体外""晶体内"来表示空间坐标从切割面向两边的扩展。

既然电子是真正地把家搬到了半导体表面，它们的行动便破坏了表面附近电荷的平衡。因为在三维 N 型半导体结构的内部，虽然存在多数载流子（电子），但平均来说晶体仍然是处处电中性的。现在，部分电子搬到了表面，带正电的原子核却总是被固定在晶格上无法移动。N 型半导体表面有了更多的电子，带上了负电。离表面很近的某一层晶面，则会因缺失电子而带上正电。所以，电子向表面移动后的结果，使得 N 型半导体表面附近产生了一个指向晶体表面的反向电动势。这个反向内电场形成一个势垒，阻止别的电子继续往表面搬家，它的效果使得电子的能带在晶体边沿部分向上弯曲，如图 2.6.4(b) 所示。

对 P 型半导体进行类似的分析，便可得出结论：在 P 型半导体的表面附近，电子的能带向下弯曲，如图 2.6.4(c)所示。

一个能带向上弯，另一个能带向下弯。那么，如果让图 2.6.4(b)的 N 型半导体和图 2.6.4(c)的 P 型半导体的切割面接触在一起，会产生什么现象呢？

首先，它们原来的费米能级不相同。因此，一定会有载流子的输运现象发生。正好 N 型半导体的表面聚集了带负电的电子，P 型半导体的表面聚集了带正电的空穴，接触后它们便复合而消失了。当然，实际情况中，并不是将切割后的两种形态半导体"接触在一起"，而是在一块晶片的两边掺以不同的杂质。总之，在达到热平衡状态时，两边的费米能级相等，在拉平费米能级的同时，双方能带的上弯下弯部分连续地结合起来。最后，界面附近的电荷分布以及能带弯曲情况将如图 2.6.5(a)所示。

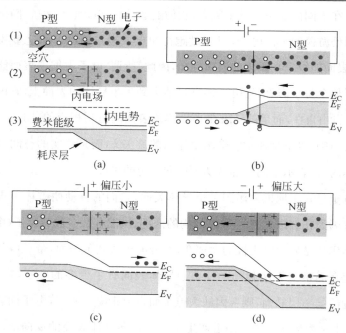

图 2.6.5 PN 结的整流效应
(a) PN 结；(b) 正向偏压；(c) 反向偏压；(d) 反向击穿

平衡时,在界面附近形成一个从 N 型指向 P 型的内电场的薄层。其中两边的多数载流子(N 型的电子和 P 型的空穴)互相扩散而复合,造成在这片区域中只有电场而没有了原来的载流子。人们便说:载流子被"耗尽"了!因而将此区域叫作耗尽层,也有文献称为空泛区。包含了这片薄层的半导体结构也就是通常所谓的PN 结。

所以,PN 结其实很简单,不过就是半导体的能带发生了突变的一段区间。

打个比方,如图 2.6.5(a)所示,对电子来说,P 型半导体(左)和 N 型半导体(右)就像是两片不同的高地,左边比右边的地势高很多,电子就如同蓝色的海水,费米能级犹如海平面。动态平衡时,大多数电子在地势较低的右边,P 型地区的电子要少一些。耗尽层,就是连接高地到低处的斜坡,它阻挡电子由 N 向 P 流动。这时,两边的海平面是完全平坦的,无风无浪,波澜不惊。

现在,如果我们将 PN 结的两端接上电源,又会发生什么现象呢?

首先假设所接电源的极性是 P 端正 N 端负,如图 2.6.5(b)所示,即所谓的正向偏压。这个电源的电动势方向与 PN 结的内电场方向相反,起着抵消内电场、减少耗尽层的作用。小小的电子有了外加电压撑腰,被阻挡的作用减弱了,不由得猖狂起来,大量地涌入 P 型区域,海平面不再平坦,海上掀起了波浪。费米面变成一边高一边低(N 高 P 低),这是有了电源,平衡被打破的象征,也是驱使电子从 N型不断流向 P 型的动力。所以,在正向偏压下,电子畅通地流过 PN 结,形成电流。

反之,如果电源的极性是 P 端负 N 端正[图 2.6.5(c)],所谓反向偏压的话,电源电压与 PN 结内部阻挡电场的方向一致,其结果是使得耗尽层加宽,斜坡变长变陡,电子比原来还更难跳到 P 型区域中去,只好停留在 N 型半导体中。因此,PN结在反向偏压下,不能导电。

以上两段文字解释了 PN 结(二极管)的单向导电性,也就是整流性。处于反向偏压下的 PN 结不能导电,只有很小的漏电流。但是,如果将反向偏压加大再加大,又会发生一些奇怪的事情,这时的二极管将会被击穿。图 2.6.5(d)所示的便是这种情况，与图 2.6.5(c)不同的是，这时候的 P 型半导体的价带顶部，已经超过了 N 型半导体的导带底部，使得 P 型半导体价带内的电子能涌入到 N 型半导体的导带中，形成很大的反向电流，因而称为"击穿"，反向击穿的发生一般来说会破坏二极管，但是如果控制适当，可以利用它来实现"稳压"的功能，这也就是稳压二极管的工作原理。

三条腿的魔术师

　　我们曾经叙述过发现 PN 结的那段历史,当初(1940 年),贝尔实验室的奥尔发现两种不同材料因接触而产生整流效应的时候,他还不知道什么"能带论",是沃尔特·布拉顿给予了这种古怪现象正确的物理解释。实际上,布拉顿是心灵手巧的实验物理学家,从 1929 年开始就一直在贝尔实验室工作。

　　无论如何,PN 结的发现引起贝尔实验室的管理阶层对半导体研究的重视,他们四处挖掘这方面的人才,后来人称硅谷之父的威廉·肖克莱便是在麻省理工学院做博士后研究时,被新泽西贝尔实验室副主任凯利"挖"到那儿去工作的。

　　威廉·肖克莱(William Schockley,1910—1989)是生于伦敦的美国人,3 岁时随父母定居加州。肖克莱以其非凡的眼光和远见卓识,认识到了半导体材料的光辉未来。他早在 1939 年就提出"利用半导体而不用真空管的放大器在原则上是可行的",并积极地开始筹备这方面的研究。

　　不料,大战爆发,贝尔实验室的许多专家们都被征去当兵,肖克莱也不例外。不过,他是雷达部队的军官,整天与大而笨拙的真空电子管雷达设备打交道,由此更加坚定了他研发半导体器件的决心。

　　当时真空管三极管的主要功能是放大,半导体 PN 结的整流功能已经被证实,如何做成一个类似真空管三极管那样有放大功能的固体器件呢？各国的科学家们也都一直在努力研究这个难题。在 1938 年,两个德国科学家罗伯特·波欧(Robert Pohl)和鲁道夫·赫希(Rudolf Hilsch)用一种盐作为半导体,做出了第一个有实验结果的固体放大器。尽管这个实验器件的工作频率只有1Hz,没有任何实际用途,却增强了肖克莱对研发固体三极管的信心。

第二次世界大战结束后,贝尔实验室新组建了几个团队,肖克莱领导了一个包括布拉顿等人在内的半导体物理研究小组。

认识到在半导体内移动的既有电子又有空穴,肖克莱脑海中产生了一个类似"场效应"的想法:如果像在真空管三极管中那样,也能在半导体内插入两个电极板,就有可能通过控制这两个电极板的电压,来影响半导体内电子与空穴的分布,从而改变电流,达到放大的目的。

靠着布拉顿一双灵巧的手,确实将两片平行的金属插进了半导体内,但结果却非常令人失望,他们没有观察到任何电流被放大的效果。

1945年的10月,约翰·巴丁加入贝尔实验室[23]肖克莱小组,和布拉顿坐在一个办公室里,也参与这个使人困惑的研究课题。

约翰·巴丁(John Bardeen,1908—1991)是一位优秀的理论物理学家,普林斯顿大学的数学物理博士。他潜心研究了这个问题,并且发现电场无法穿越半导体可能是受到金属片屏蔽之故。他进而提出了固体的表面态和表面能级的概念,并和布拉顿一起朝这个方向进行研究。一年多之后,他们终于做出了第一个晶体管[24-25]。

从图2.7.1中可以看到,第一个点接触晶体管不是那么漂亮,显得原始而笨拙,但这却是一个划时代的发明。

巴丁和布拉顿真可谓珠联璧合,一个通理论,一个懂实验。根据巴丁表面态的理论,不需要像肖克莱计划的那样将刀片插进半导体中,而只需要在晶体的表面下点功夫,形成两个位置精确的触点就行了。用半导体做成的第一个器件:猫胡子侦测器,不也就是靠着这种"点接触"的方式工作的吗?能干的布拉顿反复实验,克服了一个又一个的困难,胜利的曙光似乎就在眼前。

1947年12月16日,巴丁在他的实验日记上记下了这个特殊的日子。

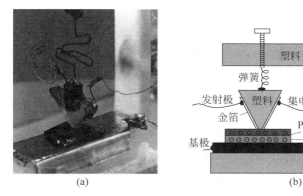

(a)　　　　　　　　　　　　(b)

图 2.7.1　点接触晶体管

（a）第一个晶体管实物；（b）第一个晶体管模型

根据理论计算，也结合他们多次实验的体会，锗半导体上两根金属丝的接触点靠得越近，就越有可能引起电流的放大。如何才能在晶体表面安置两个相距大约只有 $5 \times 10^{-3}\,\mathrm{cm}$ 的触点呢？这一天，布拉顿有信心克服这最后一道难关。他找来一块三角形的厚塑料板，从尖尖的顶角朝三角形的两边贴上了一片金箔，又小心仔细地用锋利的刀片在顶角的金箔上划了一道细痕，然后，将三角塑料板用弹簧压紧在掺杂后的半导体锗的表面上。最后，再将一分为二的金箔两边分别接上导线，作为发射极和集电极，再加上金属基底引出的基极，总共三条线，将它们分别接到了适当的电源和线路上。

根据巴丁在实验日记中所记，他们当时观察到两个触点间的电压增益数量级大约为 100 倍。一个"三条腿的魔术师"就此诞生了！

这个点接触晶体管发明一周之后，12 月 23 日，魔术师演示第一个魔术。那是将魔术师与其他元件装配起来，组成了一个可用于助听器中的声音放大器，由布拉顿和另一位同事演示给贝尔实验室的专家和领导们看，以得到他们的认可。可能也就是这个原因，有许多文章中将晶体管的诞生日定为这一天，恰好是那年圣诞节的前两天，真是献给人类文明的伟大的圣诞节礼物。

在场人员包括当时贝尔实验室研究部主任 R. 鲍斯及多位专家们。但遗憾的是，最愿意亲临现场目睹这个助听器魔术表演的贝尔本人，当时已经去世25年之久了。为什么这么说呢？因为贝尔实验室的创办人，亚历山大·贝尔（Alexander Bell，1847—1922）的母亲和妻子都有听力障碍。贝尔一生的工作，如研发电话、创办贝尔实验室等，都多少与他要发明一个好用的助听器来解决妈妈和妻子听力问题的愿望有关。可是，没有晶体管的发明，贝尔这个愿望是难以实现的，总不能让她们整天在耳朵上吊着一个巨大而又笨重的金属大盒子吧？

助听器的魔术表演也许抚慰了贝尔的在天之灵，却刺痛了肖克莱的凡夫俗子之心。特别当他发现巴丁和布拉顿的专利申请上没有他的名字时，大大地伤害了他的自尊心。要知道，他是这个课题的领导人，并且制造一个有放大作用的晶体管是他8年多来日思夜想、魂牵梦绕的愿望啊！现在，巴丁和布拉顿用两年时间就做出来了，但那也多少是在他的思想的指导之下，怎么能把他排除在外呢？肖克莱想到了他一直在努力研究的半导体的场效应。于是，他立刻努力工作，完善了与场效应有关的理论，打算以此申请专利。律师告诉他说，尽管还没有做出实物，但早在1925年，朱利叶斯·利林菲尔德就在加拿大申请了场效应的专利。所以弄到最后，肖克莱的名字没有出现在与此发明有关的任何专利上。这使肖克莱恼羞成怒，并与巴丁、布拉顿两人闹翻了，之后他甚至利用行政权力，不让两人参与晶体管的任何后续发展工作。

当然，肖克莱毕竟是科学家，深知科学是来不得半点虚假的。赌气泄愤的小人之举后面，他独自一人仍旧在暗暗努力，奋发图强。傲慢自大的肖克莱立志要证明，只有他才是发明晶体管的真正大脑。他深入研究半导体中的电子和空穴理论，提出利用"少数载流子"的工作机制。他认识到点接触晶体管是脆弱、难以制造的，且不适于商业化。几年后，肖克莱发明了一种全新的、能稳定工作的"结型晶体管"，这是后来双极性结型晶体管（bipolar junction transistor，BJT）的前身，BJT应用于模拟电路有它的优势，并一直沿用至今。

肖克莱后来又到加州开创硅谷，还支持优生学等，演绎出一个多样化的传奇人生。

1956 年,肖克莱、巴丁和布拉顿共同获得诺贝尔物理学奖。对此,巴丁和布拉顿有些不甘心,但从历史角度看待肖克莱对半导体领域的贡献,也仍然算是实至名归了。

在 20 世纪 40 年代晶体管的研发中,肖克莱一开始就考虑走场效应管(field effect transistor,FET)的路线,不是没有道理的。场效应管的物理原理很简单,功能最像电子管,因此最容易想到,这也就是为什么有关场效应的专利在 1925 年就被人申请了。现在,我们来比较这几种晶体管:点接触型、双极性结型、场效应管。看起来,在晶体管的发现历史上,理论上最容易解释的东西技术上却最难制造。上帝可能是在和肖克莱开玩笑,正应了中国古代哲学家孟子之语:"故天将降大任于是人也,必先苦其心志,劳其筋骨……。"

场效应管的工作原理可用图 2.7.2 来说明。

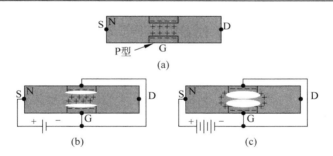

图 2.7.2　场效应管工作原理

(a) PN 结未加反向偏压时耗尽区小,电流畅通;(b) 耗尽区宽度随着电压大小变化控制偏压可改变电阻实现放大;(c) 反向偏压增大到某一数值没有电流流过,电路关闭

场效应管(以结型 FET 为例)和巴丁等制造的点接触型晶体管一样,也有 3 个端口。这个三条腿魔术师以惊人的速度繁衍它的子孙后代。如今,小小的"FET 魔术师"已经充满了我们的世界。你能想象到吗? 在你的笔记本电脑的主机芯片上,聚集了超过 10 亿个金属氧化物半导体场效应晶体管(metal-oxide-semiconductor field effect transistor,MOSFET)。在一个普通手机里,少说就包含了几十万个晶

体管,你那爱不释手的小方盒子上的魔术都是由它们变出来的!

对应于点接触晶体管的发射极(emitter)、基极(base)和集电极(collector),场效应管的3个端口被叫作源极(source)、栅极(gate)和漏极(drain)。

简单地说,如图2.7.2所示,场效应管就是利用改变G(栅极)的反向偏置电压,来改变两个PN结的空间电荷(耗尽)区的宽度,从而控制从S(源极)到D(漏极)的电流大小,以达到放大或开关的目的。

图2.7.2所示的是N型沟道耗尽型场效应管。用水流来比喻,图2.7.2(a)中表明PN结未加反向电场时,耗尽区很小。如果源极和漏极之间有电位差,水可以顺畅地从S流到D(高处流到低处)。图2.7.2(b)表示加了一个反向偏压时使得耗尽区加宽的情况。这时就好比是在水沟中堆上了一些石头,阻碍了水的流通。如果增加反向偏压的数值到很大,如图2.7.2(c)所示,好比用大量的石块,甚至沙子,完全堵住了沟道,水就流不过去了。

如果让FET工作在图2.7.2(b)的情形下,用输入信号来控制栅极,从而改变水沟中石头的多少和大小,因而流到漏极的水流大小也随之改变,这就是FET的放大作用。如果让FET的状态在图2.7.2(a)(开)和图2.7.2(c)(关)之间互相转换,就能起到开关的作用。

肖克莱当时就是这样设想的:根据场效应管的概念应该能造出有放大作用的晶体管。可是,他让布拉顿试来试去都没有试出个所以然来。现在看来,FET的原理简单,实现起来时对晶体纯度及表面干净程度的要求颇高,"清洁仅次于圣洁"这句希伯来语的谚语可用于此。

肖克莱不甘心,成天暗自琢磨巴丁和布拉顿做成的点接触晶体管。肖克莱也同意和接受巴丁所建立的表面态和表面能级的理论,对此,他还曾经由衷地称赞过巴丁。但是,难道就一定要用那种非常脆弱而又不稳定的点接触方式吗?

我们先来看看点接触晶体管的工作原理。

在点接触晶体管中,巴丁和布拉顿用两片相距很近(50μm)的金箔接触在一块N型锗半导体上。根据巴丁的表面理论,在接触面上将形成P型反转层,如

图 2.7.3 中所示。

　　P 型反转层很薄,大约只有几十纳米,图 2.7.3 中画得很厚,是为了方便说明原理。

　　点接触晶体管的两个 PN 结分别被加上正向偏压和反向偏压。首先想象发射极和集电极两部分互相分离无关时的情形[图 2.7.3(b)]。图 2.7.3(b)左边发射极加的是正向偏压,因而有电流流过。图 2.7.3(b)右边集电极加的是反向偏压,应该没有电流流过,两种载流子的运动处于动态平衡。

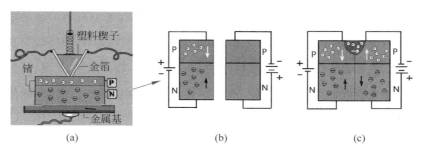

图 2.7.3　点接触晶体管的工作原理
(a)点接触晶体管;(b)两部分分离时;(c)表面效应

　　然而,这两部分事实上并不独立,而是连在一起的。并且,发射极和集电极相距只有 $50\mu m$! 因此,发射极这边的大部分空穴很容易就钻到了集电极那边。对空穴来说,那边的风光独好,集电极的反向偏压使得这些带正电的空穴正好顺流而下,诱导出更大的集电极电流[图 2.7.3(c)]。

　　发射极的空穴是如何运输到集电极的呢? 巴丁认为主要是表面效应在起作用,空穴是从半导体表面溜过去的。肖克莱对此观点有质疑,为此他发奋努力工作了整整一个月,从 1947 年 12 月到 1948 年 1 月,包括圣诞节前夜和新年除夕在内,终于取得了突破性的进展,为他发明的结型晶体管奠定了理论基础。其中,贝尔实验室另一名研究者瑟夫(Shive)的实验给了肖克莱很大启发。瑟夫的实验证实了,像图 2.7.3(c)所示的那种少数载流子(空穴)的输运不仅发生在表面,也发生在半导体内部。

因为结型晶体管同时涉及"少数载流子"和"多数载流子"的输运过程，因而也被称为双极性结型晶体管。而刚才我们叙述过的场效应管，只是基于一种载流子（电子或空穴）的输运而导电。所以，场效应管也被称为单极性晶体管。

肖克莱将他的结型晶体管设计成一个三明治夹心面包的样式。半导体材料掺杂后有 P 型和 N 型，因此，便有两种构成三明治的方式：NPN 或者 PNP。巴丁和布拉顿的点接触晶体管，有些类似于 PNP 管。下面，我们以 NPN 晶体管为例来解释 BJT 的工作原理。

图 2.7.4(a)显示了 BJT 的结构。图上看起来是个左右对称的三明治。其实不然，作为发射极的 N 型半导体掺杂的浓度很高，比右边 N 型材料的掺杂浓度高很多，这样在工作时才能有大量的电子从发射极注入基极。另外，中间的 P 型层要做得很薄。根据我们在 2.6 节中所描述的，也如图 2.7.4(a)所示，P 型、N 型半导体的接触界面附近，会形成耗尽层。图 2.7.4(b)则显示出这个三明治半导体结构的能带弯曲情形。

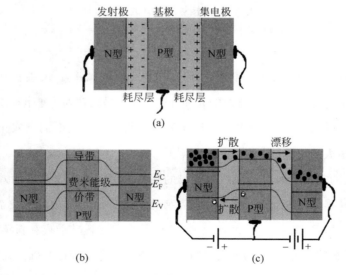

图 2.7.4　BJT 工作原理
（a）NPN 三明治；（b）平衡时的能带；（c）工作状态

图 2.7.4(c)描述了 BJT 是如何工作的。发射极和基极间的正向偏压减小了第一个 PN 结的势垒，而集电极的反向偏压则增加了第二个 PN 结的势垒。由于发射极的 N 型半导体掺杂高，电子密度大，电子大量扩散到中间的 P 区。因为中间层非常薄，电子在集电极反向电场的作用下，漂移到右边的 N 型半导体中，形成集电极电流。

不知大家注意没有，刚才我们说到电子从发射极运动到集电极的过程中，用了两个不同的术语来描述电子不同的运动方式。说到电子穿过第一个 PN 结时，用的是"扩散"，而穿过第二个 PN 结时，叫作"漂移"。电子的这两种运动方式有何不同呢？"扩散"类似于布朗运动，是因为载流子(电子)的密度不均匀而产生的。扩散中的个别电子的运动没有什么方向性，像一个醉汉一样漫无目的地无规行走，东撞西撞，最后的整体效应则是使电子的空间分布趋于均匀。而漂移运动是由电场的电位差引起的，因而有固定的方向。漂移也和电子的能带形状相关，就像"水往低处流"一样，电子漂移流也喜欢冲向能量低的地方。

现在，将上述说法用到图 2.7.4(c)中。如果从左向右看这个图，BJT 晶体管工作时，电子的能带(导带)由两个坡度组成：一个向上的小坡加上一个朝下的大陡坡。

第一个坡是向上的，电子的漂移作用只能使它往下退回到左边，上不了这个坡。不过，扩散作用这时却能大展身手，因为左边 N 型中有大量电子，而右边的 P 型中正好少电子。所以，电子靠"扩散"，从发射极运动到了基极。不过，我们故意把基极做得很薄，拥挤的电子在基极还没站稳，就骨碌骨碌地掉(漂移)到集电极的悬崖陡壁下去了，这就有了集电极的电流。

集电极所加的反向电压比发射极正向电压大很多，这使得发射极电流的小改变，便能引起集电极电流的大改变，从而实现信号放大的作用。再借用水流来作比喻：发射极那儿有个小闸门，集电极有个控制水流的大闸门。人工开不动大闸门，但却能随心所欲地控制小闸门。这两个大、小闸门又是连接起来的，按同样的比例开启。比如说，如果小闸门被打开 1/3，大闸门也会打开 1/3。那就是说，如果我们按一定的规律来开启小闸门放出小水流的时候，大闸门的水流也会按同样的规律变化，只是水流量大大增加而已。将水流换成电流，就说明了 BJT 的放大作用。

BJT 晶体管是电流控制的放大元件，其放大作用是指集电极电流相对于基极电流而言。由于掺杂不同及基极超薄，发射极发出的电子大部分到达集电极（集电极电流），小部分到达基极（基极电流）。比如说，集电极电流占 99%，基极电流占 1%，即集电极电流是基极电流的 99 倍。那么，如果基极电流从 -0.01 变到 $+0.01$，集电极电流便会从 -0.99 变到 $+0.99$，这就放大了 99 倍。因此，集电极电流比基极电流大是因为流过的电子数目多，而非速度。直流电源的作用是提供正确的工作电压及供给能量。

自晶体管发明后，70 多年过去了。遗憾的是，发明晶体管的 3 位专家之后再也没有一起合作过。肖克莱建立了硅谷[26]，巴丁追求超导而得到了他的第二个诺贝尔物理学奖，布拉顿当时拒绝与肖克莱继续一起工作而被分配到贝尔实验室的另一小组。如今，三人均已驾鹤西去，声名地位皆成过眼烟云，是非功过任由世人评说。唯有他们留下的"三条腿魔术师"，仍然在人间大行其魔术之道。时至今日，小小的电子仍然在各种半导体器件中跳着它们奇特的费米子舞蹈。

第3章
电子的自旋舞

3.1

巨磁电阻效应

人类对电现象和磁现象很早就有所认识,但将它们在本质上关联起来,却是1820年之后的事。

汉斯·奥斯特(Hans Orested,1777—1851)是丹麦物理学家、哥本哈根大学物理教授。1820年的春天,好几个月以来他都一直沉迷于有关电和磁方面的实验,想找出其中的联系。

他把磁针放在一个充满电的莱顿瓶旁边,磁针纹丝不动。

"莱顿瓶带的是静电,也许需要使用电流?"奥斯特一边想,一边用伏打电源接通电路,但磁针仍然毫无反应。那天傍晚,奥斯特带着满脑子的疑惑和各种改进实验的想法走进了教室,为学生们上电学课。课程快结束时,奥斯特准备向学生演示他的电路实验,旁边还放着那个总是岿然不动而令他十分沮丧的小磁针。不过,这时奥斯特突然灵机一动,他把那个磁针的位置相对导线而言转了个90°。接下来,当奥斯特连通电源的一刹那,他发现磁针明显地摆动了一下!磁针这个小小的动作让奥斯特惊喜若狂。也就是从这一天开始,人们才逐渐认识了电和磁之间的紧密联系。

之后,法拉第发现了电磁感应,特斯拉发明了交流电,麦克斯韦创立了经典电磁理论。再后来,原子模型和量子理论的建立,又使我们对电和磁的本质及相互联系有了更深刻的认识。物理学家和工程师们,指挥着电磁共舞,推动了社会运转。

磁性的本质是什么?归根结底还是与电有关。物质的结构决定了物质的性质。磁性是来源于原子中电子的自旋运动和轨道运动。

在计算机和通信技术的发展中,电磁学大展身手。硅半导体材料及其构成的大规模集成电路的研发导致了微型计算机的出现和整个信息产业的飞跃,使电子技术迈进了一个全新的时代。我们都知道,计算机中的最重要的部分是中央处理器(CPU)和硬盘。CPU 决定运算的速度,包含了异常复杂的电子线路;硬盘用作信息储存,其物理原理则是基于物质的磁性。无论是 CPU 还是硬盘,几十年来都是体积越来越小而容量越来越大。

1956 年 9 月,IBM 向世界展示了第一台磁盘存储系统(random access method of accounting and control,RAMAC),可算是世界上第一个硬盘。它的体积相当于两个冰箱那么大,质量超过 1000kg,存储容量却只有 5MB。而现在,存储容量是它的上千倍的微硬盘,体积却不过硬币大小。这种惊人的变化,要归功于科学和技术的力量,归功于"磁电阻效应"的应用,特别是要归功于"巨磁电阻效应"(giant magnetoresistance effect,GMR effect)的发现和应用。

什么是磁电阻效应(magnetoresistance effect)? 顾名思义,是指金属电阻受磁场影响而变化的一种现象,用变化的相对百分比来表征。一般金属导电时都有磁电阻效应,并具有如下 3 个基本特点:有磁场时的电阻比磁场为 0 时的电阻更大、MR 的数值很小、各向异性。

那么,什么又是巨磁电阻效应呢?

巨磁电阻效应是 1988 年由法国科学家艾尔伯·费尔(Albert Fert)和德国科学家彼得·格林贝格(Peter Grünberg)分别独立研究而发现的[27-28]。

两位科学家研究的是纳米级别的铁铬相间(Fe/Cr)多层结构。这种结构的制备要归功于 20 世纪 60 年代后期贝尔实验室的华人科学家卓以和(Alfred Y. Cho)和他的同事 J. R. 亚瑟(J. R. Arthur)发明的分子束外延(molecular beam epitaxy,MBE)技术。MBE 是为单晶材料的生长而研究开发的,但受益的却远远不止芯片制造,它还促进了各种材料科学的发展。

纳米级别是多大呢? 我们知道原子大小的数量级是"Å",1Å 等于 10^{-10} m,也就是 0.1nm。所以,纳米科学就是在原子尺度上研究和操控原子的科学。

纳米技术的想法最早来自著名的理论物理学家理查德·费曼。费曼对物理以及相关技术的远见卓识无与伦比,1981 年他在波士顿麻省理工学院的报告,揭开了量子计算机研发的序幕。而早在 1959 年,他在美国物理学会年会上所做的著名演讲《在底部还有很大空间》中的天才预言[29],便是如今热门的纳米技术的灵感来源。

费曼在报告中提出了一个新的想法,如果我们能够从单个的分子甚至原子开始进行组装和控制,以达到我们的要求,将会极大地扩充我们获得物性的范围。他说:"至少在我看来,物理学的规律不排除一个原子一个原子地制造物品的可能性。"

费曼在报告中挑战他的听众:"应该可以造出导线宽度不超过 100 个原子的计算机,能看见单个原子的显微镜,控制一个个原子的机器,能利用量子化能级或量子化的自旋相互作用的电路。"

这正是目前从事纳米研究的物理学家和工程师们所做的,或想要做的研究课题的精辟表述。纳米技术在许多领域中都取得了不凡的成就。从此节开始,我们将介绍几项与半导体材料相关的前沿研究。

刚才提到的 MBE 以及 1982 年扫描隧道显微镜的诞生,为纳米研究人员扫除了障碍,克服了瓶颈,对纳米科技的发展起到了积极的推动作用。

第一个晶体管发明者之一的肖克莱,把 BJT 设计成夹心饼干模样。从此以后,材料科学家们喜欢上了这种结构,用各种不同的材料来做多层"夹心饼干"。特别是他们有了 MBE 以后,"夹心饼干"做起来方便多了,一层一层地将相同材料或不同材料加上去……固体的结构方式似乎可以随心所欲地人为生成。这种说法有点夸张,而且做起来绝对不像我们现在说起来那么轻巧容易的。但无论如何,研究纳米材料的科学家们为之而辛苦工作,并乐此不疲。

巨磁电阻效应就是在这种"铁铬铁"的三明治(或多明治)结构中观察到的一种磁电阻效应。不过,这种效应与原来通常磁电阻效应的 3 个基本特点完全相反:有磁场时电阻最小、MR 的数值很大、各向同性。因而,人们才给它取了另外一个名字：巨磁电阻效应。

如图 3.1.1 所示，巨磁电阻效应所用的材料，是在每两层铁磁性材料之间夹上一层非磁性金属。当没有外加磁场时，相邻铁磁材料的磁化方向相反（这点可以由调节中间铬层的厚度得到），这时观察到的总电阻最大。如果加上外磁场 H，所有铁磁材料的磁化方向都变成与外磁场方向一致，这时的总电阻最小。电阻从大到小变化的比值可达 50%，是通常磁电阻效应的几十倍。

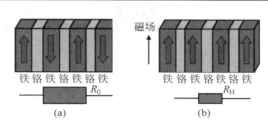

图 3.1.1　巨磁电阻效应
（a）磁场＝0，铁层磁矩反向电阻 R_0 大；（b）磁场＝H，铁层磁矩同向电阻 R_H 大

在元素周期表的 100 多种基本元素中，铁、钴、镍被称为铁磁性元素，因为它们能在外部磁场的作用下磁化，并能形成永久磁铁。这个性质可以从它们的原子结构，根据量子力学中的自旋及泡利不相容原理成功地解释。

对于外磁场的变化，铁磁性元素较其他元素更为敏感，它的磁电阻效应也比其他金属更显著。计算机硬盘早就利用铁磁性元素的这些性质来储存数据。法国和德国的物理学家在"铁铬铁"结构中发现了巨磁电阻效应之后，IBM 的研究员斯图尔特·帕金（Stuart Parkin）1989 年在其他材料上也发现了同样的效应。并且，帕金接着又研究自旋阀，造出自旋阀磁盘读头。1994 年，帕金研制的新型读出磁头将磁盘记录密度一下子提高了 17 倍，并且很快成为行业技术标准，为 IBM 带来巨大的商业利益，当然也造福于人类文明。今天，几乎所有最新的磁头读出技术都是基于巨磁电阻原理研制出来的。

2007 年的诺贝尔物理学奖颁发给了巨磁电阻效应的发现人阿尔贝·费尔和彼

得·格林贝格。说到这里，不得不为此次诺贝尔物理学奖遗漏了 IBM 的帕金而感到遗憾。其实帕金对巨磁电阻原理的研究和应用，以及物理材料应用的其他领域，贡献之大是有目共睹的。不过，帕金得到了 2006 年的沃尔夫物理学奖。（图 3.1.2）

阿尔贝·费尔　　　彼得·格林贝格　　　斯图尔特·帕金

图 3.1.2　对巨磁电阻效应的发现和应用作出贡献的人

为什么会有巨磁电阻效应？它的物理原理是怎样的呢？

为了解释巨磁电阻效应,首先要弄明白:导体中为什么会有电阻?

答案很简单:因为导体内部有原子,使得电子运动不自由,四处碰壁,就像在一个挤满人、摆满摊位的大市场里,你能以百米赛跑的速度奔跑吗?当然不行。科学家们把电子与其他粒子碰撞而不停地改变方向和速度的现象称为散射。所以,金属的电阻是来源于金属中电子受到的原子的散射。

如果在金属导电的时候,又给它格外地加上一个磁场。那么,电子在原来碰撞运动的基础上,又受到磁场对它产生的洛伦兹力。这就好像市场中又多来了一个新管理人员,企图指挥电子按照他规定的方式运动。这样,事情变得越来越复杂,使电子运动阻碍增多了,于是便导致了通常的磁电阻效应:磁场使电阻增大。

但是,在巨磁电阻效应中,表现正相反:有磁场时电阻最小。这又是什么原因呢?

因为巨磁电阻效应是发生在那种磁性金属和非磁性金属组成的三明治结构中,所以,我们也得在那种结构中来探讨它发生的原因。

如图 3.2.1 所示,表现巨磁电阻现象的材料是薄膜材料,每层薄膜的厚度只有几个原子。在如此微小的尺度下发生的现象应该用量子力学原理来解释。的确如此,物理学家们从研究中得出结论:巨磁电阻现象的产生是磁性材料对具有不同自旋磁矩的电子的散射率不同所致[30]。因此,在解释巨磁电阻现象之前,首先让我们更多地了解一点"自旋"。

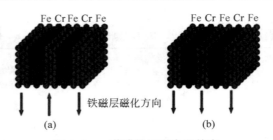

图 3.2.1　薄膜的巨磁电阻效应

（a）反平行时电阻大；（b）平行时电阻小

当人们说到电子的自旋，往往总是把它比喻成地球的自转："原子结构理论中不是有个行星模型吗，电子一边自转，一边绕着原子核转，就像地球绕着太阳转一样。"

这种说法形象地描绘了原子和电子，对理解原子结构有所帮助。但是实际上，电子自旋完全是个量子世界的东西，没有经典的对应物。对电子自旋的特别性质我们将在下一节中有更多的叙述。

如果仍然使用电子自旋的经典图像，从图 3.2.2(a)可见，电子自旋有两种方式，像是芭蕾舞演员在绕着自身作旋转：或顺时针转，或逆时针转，一般将这两种方式用"上"和"下"来表示。

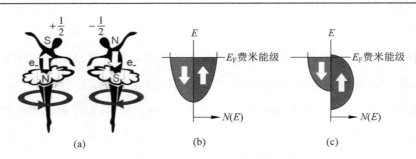

图 3.2.2　电子自旋引起能带分裂

（a）两个自旋态："上"和"下"；（b）非铁磁体中电子的能带密度与自旋无关；
（c）铁磁体中能带密度对于两种自旋电子不同

图 3.2.2(b)和(c)分别是两个自旋态电子在非铁磁体金属和铁磁体金属中的能带密度图。图的左半部分是"下自旋"电子的能带,而右半部分是"上自旋"电子的能带。

图 3.2.2(b)的左右两边对称,这说明对非铁磁体金属来说,能带密度与自旋无关。那是因为非铁磁体的物体通电时只有电场,没有任何磁场,电子的自旋态可以等效于一个小磁矩,小磁矩并不直接与固体晶格相互作用。因而,两种自旋态的电子因晶格散射而感受到的电阻不会有任何差别。这可以用如下比喻来说明:顺时针转的芭蕾舞演员和逆时针转的芭蕾舞演员要赶去演出的路上,她们快速游走在许多岗位固定的士兵之间,被士兵们没有区别地撞来撞去,同等对待,无人在意她是在顺时针转,还是在逆时针转。

然而,在铁磁体金属中就不一样了,那儿的士兵们自己也在快速自转,也有两种可能的自转方式。并且,他们喜欢那些和自己转动方向一致的芭蕾舞演员,碰到她们时便会助一臂之力,顺势将她们向行走的前方猛推一把,而碰到和自己转向相反的舞者时,则一拳将她们打回去。比如说,在某种情况下,大多数的士兵都是顺时针转的,那么当然就比较有利于顺时针转的芭蕾舞演员,她们很快就通过这些士兵阵列,顺利地到达了演出目的地。

回到电子学,那些自旋的小磁体就类似于芭蕾舞者,它们会与铁磁体中的磁矩(士兵)相互作用,而使得两种自旋电子能带的密度产生差异,如图 3.2.3 所示。图中的绿色箭头表示电子自旋方向,黑色箭头表示材料的磁化方向(扫二维码看彩色图)。由图可见,铁磁材料的磁化使得两种自旋态的能带产生了移位,表现为左右不对称。特别是在费米能级附近,自旋取向与磁化方向一致的电子数目比较多,而自旋取向与磁化方向相反的电子数目很少,几乎为 0。

图 3.2.3 解释了三明治薄膜结构中两端铁磁体的磁化方向平行或反平行时对电阻的影响。

对巨磁电阻效应的解释是基于两种自旋态电子的"双电流模型"。也就是说,两种自旋态的电子分别独立地被考虑为两股电流,这两股电流中电子的自旋态不同,在铁磁体中所受到的散射(电阻)也不同。金属中的总电流等于上自旋流和下自旋流之和,而总电阻便等于上自旋电阻和下自旋电阻之并联电阻。如图 3.2.3 所示,这个理论解释了磁化方向平行时电阻小、反平行时电阻大的原因。

彩图 3.2.3

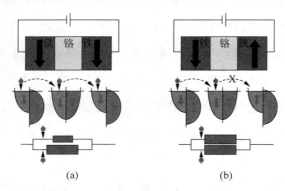

图 3.2.3　磁化方向平行或反平行对电阻的影响
(a)磁化平行时低电阻；(b)磁化反平行时高电阻

如果我们把两层铁磁体之间的非铁磁金属(铬)薄膜换成某种绝缘体薄膜,也有实验观察到磁阻改变的类似效应。这种情形下,不能导电的绝缘体成为阻挡电子流通的"墙壁",电子需要施展它的量子穿墙术才能过去。所以,人们将此现象称为隧道磁电阻效应(tunnel magnetoresistance effect,TMR effect)[31]。1975 年米歇尔·朱利尔(Michel Julliere)于低温条件下,在由(Fe/Ge/Fe)材料构成的薄膜结构中首次发现 TMR 效应。直到 1995 年才由宫崎照信(Terunobu Miyazaki)与穆德拉(Moodera)发现了室温下的 TMR 效应而得以实用化。

TMR 效应的物理原理基本和 GMR 效应一样,但因为 TMR 效应中间薄膜所用的是绝缘体,电子为什么能通过绝缘体形成电流呢？ 什么是量子力学中的隧道效应？ 我们不再就此深入下去,笔者在另一本量子力学科普书中介绍过隧道效应,有兴趣者可查阅参考文献[32]。

在 GMR 效应、TMR 效应之后,人们又发现了其他有关的物理现象。比如在陶瓷氧化物中发现了非常大的磁电阻效应,磁阻比值可高达 125 000%,因此被称为超巨磁电阻效应(colossal magnetoresistance effect,CMR effect)[33]。其导电机制
与 GMR 效应完全不同,并且尚未发现室温条件下的 CMR 效应,所以离应用还差
一步。

　　另一个问题:为什么这些巨大的磁电阻效应都只在薄膜层结构中才表现出来
呢? 薄膜这个词中隐藏着什么样的物理机制?

　　其原因还是和散射有关。物理学中有个叫作"散射长度"的量,也被称为"平均
自由程",即相邻两次碰撞之间的平均距离。对金属中的电子来说,平均自由程为
晶格常数的 10 倍左右。晶格常数的数值一般小于 1nm,比如,硅的晶格常数为
5.43Å(0.543nm)。这就是为什么到了纳米技术范围才观察到巨磁电阻。当材料
体积较大的时候,碰撞多,与自旋无关的电阻部分的比例增大,与自旋有关的电阻
变化就不明显了。特别是,在频繁的碰撞中还会发生自旋翻转,就是说,上自旋变
成下自旋,下自旋变成了上自旋。如此一来,所谓的"双电流模型"将无法使用。

　　对 TMR 效应来说也是这样,直观地说,中间的绝缘层如果太厚,量子隧道就
打不通了。

　　巨磁电阻效应发现并获得巨大的商业成功之后,人们发现:原来自旋是如此
重要。这个原来大多数时间只被科学家们关在象牙塔和实验室里的量子芭蕾舞
者,从此登上了工程技术的舞台。

3.3

自旋电子学

────────────────────────────────

巨磁电阻效应的发现及应用让电子工程师们认识了自旋,使他们恍然大悟:原来自旋是如此有用啊!事实上,尽管电子学的发展和应用已有 100 多年的历史,但电路和电子器件中所利用和研究的基本上只是电流,也就是电荷的流动,与自旋完全无关。几十年来,电子学固然功劳巨大,但人类的追求永远没有止境,手机的体积小了还想再小,计算速度快了还要更快。摩尔定律登场时,是一个令人欢欣鼓舞的天才预言,40 多年后却似乎成了某个暗藏魔鬼对电子学的诅咒:"别高兴了!你终于到了山穷水尽的地步,无路可走了吧!"电子工程师们当然不会甘心受此奚落,现在,巨磁电阻效应的成功终于让他们看到了一点希望。要知道,上帝赋予了电子很多重要的内禀特性:质量、电荷、自旋等。质量是所有物质都具有的,比较平淡无奇,而电荷和自旋则比较特别和古怪。前 100 年我们充分利用了"电荷"这个特性,现在呢,应该是启用"自旋"的时候了。因此,研究电子技术的科学家和工程师们又重新兴奋起来,他们希望能利用电子这个神秘的性质,克服瓶颈、走出困境,迎来"柳暗花明又一村"。于是,这便有了近年来对自旋电子学(spintronics)大量的理论开创及实验研究。这个新术语的构造本身,就象征着自旋和电子学的结合:"spin"加"electronics"的一部分便得到了spintronics。

人们经常将电子自旋类比为地球自转。地球自转时产生自转角动量,自旋也有角动量。并且因为电子携带负电荷,电荷转动会形成电流,所以电子自转的效应便相当于一个小电流圈,小电流圈的效果又相当于一个具有南极北极的小磁铁。

这就正如我们在图 3.3.1(a)中所画的：电子具有两个自旋态，自旋上和自旋下。在一定程度上，可以将电子的两个自旋态等效于两种极性相反的磁铁，它们的磁力线如图 3.3.1(a)所示。

然而，这种经典类比只在一定程度上可用。因为除此之外，电子自旋还有许多不符合经典规律的量子特征。

比如说，经典物理中的角动量是三维空间的一个矢量。我们可以在不同的方向观察这个矢量而得到不同的投影值。如图 3.3.1(b)左图中朝上的经典矢量，当我们从右边观察它时，它的大小是 1；从下面观察时，投影值为 0；而从某一个角度 α 来观察，则得到从 0 到 1 之间随角度连续变化的 $\cos\alpha$ 的数值。

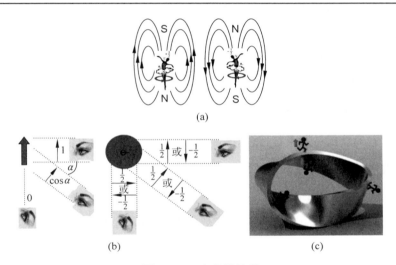

图 3.3.1　自旋的性质

（a）两个自旋态；（b）不同方向看矢量和自旋；（c）默比乌斯带

电子的自旋就不一样了。自旋角动量是量子化的，无论你从哪个角度来观察自旋，你都可能，也只能得到两个数值中的一个：1/2 或 $-1/2$，也就是所谓的"上"或"下"。

我们将自旋的"上"或"下"两种状态叫作自旋的本征态。而大多数时候，电子是处于两种状态并存的叠加态中。

电子自旋角动量可看作二维复数空间的矢量。或者,它的运算规律可以被归类为旋量。旋量在某种意义上可以看成"矢量的平方根"。不过,这句话听起来照样不好理解,矢量哪来的平方根呢? 在下文中笔者试图粗略地解释一下。

比如,一个二维空间的矢量可以与一个复数相对应,那么,我们或许可以从复数的平方根来理解这个矢量的平方根。一个复数可以用它的绝对值大小(模)及辐角来表示,如果要求这个复数的平方根,可将其模值求平方根、辐角减半而得到。因此,一个复数的平方根的辐角是原来复数辐角的一半。所以,当一个复数(1,0)在复平面上绕着原点转一圈,即360°之后回到它原来的数值时,它的平方根却只转了半圈(180°),停留在与原来矢量方向相反的位置上,只有当原复数绕着原点转两圈之后,其平方根复数才转回到原来的位置。

电子的自旋也具有类似的性质。当自旋在空间中转一圈之后,不是回到原来的状态,而是上变下,下变上,就像图3.3.1(c)中的小人在默比乌斯带上移动一圈之后变成了头朝下的状态一样。从图3.3.1(c)中也可以看出,如果那个头朝下的小人继续它的默比乌斯旅行,再走一圈之后,就会变成头朝上而回到原来的状态了。由此可见,电子自旋的这个性质正好与上面所描述的"矢量平方根"的性质相类似。

现在,我们对电子的自旋有了一些基本的认识,那么如何利用电子自旋这个额外的自由度来制造电子器件呢?

先来说说在电子技术中引进自旋的优越性。在哪些方面有可能利用它? 这个自由度又可能为我们提供哪些好处?

研究计算机最诱人的目标之一就是模拟人脑。人类大脑最重要的功能是记忆和思维,对应于计算机的最重要部分:数据存储和逻辑运算。数据存储器又分为"挥发性"(volatile)的存储器和"非挥发性"的存储器。所谓挥发性,是指当电源切断后,保存的数据也随之挥发而消失了,如动态随机存储器(DRAM)、静态随机存储器(SRAM)等;非挥发性则意味着断电后数据仍能继续保存的储存方式,如

FLASH、硬盘等。硬盘使用的是与自旋有关的磁性技术,传统的逻辑运算中则完全不用自旋。换言之,我们也可以如此来概括传统的电子技术:电子的两个内禀特性中,自旋与磁性相关,电荷与电流相关。目前,磁性一般被用于长期记忆,电流则被用于逻辑运算。

因此,自旋电子学将来的发展方向有如下几个:

(1) 研究更好的磁性存储技术(磁电子学);

(2) 将自旋应用到传统的逻辑电路(自旋半导体器件);

(3) 利用自旋的介入,将逻辑电路及数据存储结合在一起[即(1)和(2)结合];

(4) 用于量子计算和量子通信器件(完全不同的计算技术)。

除了已经非常成功的 GMR|TMR 硬盘磁头读取技术,目前已经在通信产品上有一定应用的磁随机存储器(MRAM),就是刚才所列举的第一个发展方向的实例。MRAM 的研发就是利用材料的隧道磁电阻效应,使其既拥有 SRAM 的高速读写能力,又有 DRAM 的高集成度,并且它还具有几乎可以无限次重复写入的优点。

上面列举的第三个发展方向的重要性显而易见。计算机技术发展到今天,当然已经令人瞠目。但是比起人类的大脑来说,似乎仍然是美中不足。它们属于完全不同的运作方式。不说别的,只是就我们刚才谈及的储存和逻辑这点,就有明显的不同之处。计算机的长期储存部分(硬盘)和逻辑部分是明显分开的,记忆功能集中在硬盘上,逻辑功能集中在 CPU 上,互相之间有一定距离,传递信息的速度很慢。而人类的大脑却是既管记忆又管逻辑思维,信息存储和计算处理两部分功能结合紧密,并没有明显的界限。如果可以把擅长记忆的自旋和擅长运算的电流两种功能紧密揉合在一起,不要分离太远,最好是在一个芯片上,那样的计算机就应该更快、更接近人脑的运作方式了。

传统计算机这种"计算"和"记忆"分离的结构源于冯·诺依曼的图灵机模型。这种模型使用的是将数据一个一个按地址先后对号入座,继而被计算和处理的串行方式。这种方式简化了电路,使得相应的程序语言也结构简单,容易被人接受和理解。但是，一个潜在的缺点是限制了计算机的计算处理速度，因而被称为"冯·诺依曼瓶颈"[34]。

比起电子的电荷而言，电子自旋的响应速度更快，能耗更低。因此，将电荷流和自旋流结合起来的自旋电子学，便有可能帮助我们克服"冯·诺依曼瓶颈"，为电子工业带来一场新的革命。

要实现自旋电子学的目标,将长期储存和逻辑运算集成到同一块芯片上,首先要有合适的材料。传统集成电路主要使用硅、锗、砷化镓等材料,这些半导体材料并不具有磁性。而制造硬盘一类长期储存器件时,储存单元使用的是磁性金属或薄膜。因此,20 世纪 90 年代以来,物理学家一直在考虑:如何将半导体材料与磁共舞,研制开发出既有磁性特征,又有半导体特征的新型材料。

本节中简单介绍几类对自旋电子学颇具潜力的材料。

(1) 半金属磁体(half-metallic magnet)

读者应该还记得,在介绍半导体的能带时,我们曾经介绍过用费米能级在能带图中的位置来判断材料的电荷输运性质,以区分金属、半导体和绝缘体。同样的原理也可以用来判断材料对两种自旋电子的不同输运性质。

在图 3.4.1(a)左图两种情况中,金属的费米能级穿过尚未被充满的导带,表明材料中具有自由传导电子,能够形成电流,故而使金属具有良好的导电性。对于图 3.4.1(a)的绝缘体或(本征)半导体而言,费米能级位于禁带中,表明缺乏载流子而不能导电。在图 3.4.1(a)的能带图中,只关心电荷的输运,没有考虑材料的铁磁性,因而对电子的两种自旋态一视同仁,不加区别。

从图 3.4.1(a)中还可以看出,绝缘体或半导体可以说并无本质区别,只是禁带的宽度不同而已。当然,正是这种区别造成了半导体材料对光照、掺杂等条件的敏感性而可以加以利用。但在有些文献中不加区别地将它们统称为绝缘体,我们也会这样,在此提醒读者注意。

如果材料具有磁性，电子的两种自旋态跳的舞蹈不一样，能带图产生分离。因而通常用一个图的左右两侧分别表示"上自旋"电子的能态密度和"下自旋"电子的能态密度，如图 3.4.1(b)所示。

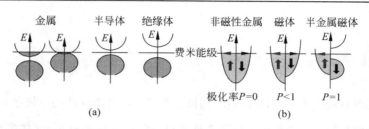

图 3.4.1　费米能级在电子能带图中的不同位置决定了材料性能
（a）用能带区分金属、半导体、绝缘体；（b）用不同自旋的能带区分非磁体、磁体、半金属

图 3.4.1(b)左图对应的是非磁性金属。由于没有磁性，电子两种自旋态的输运性质是一样的，两者能态密度图的形状相同，左右对称，这和图 3.4.1(a)最左边的金属情形等价。

图 3.4.1(b)中间图所表示的是普通铁磁体的情况，铁磁性使"上自旋"和"下自旋"电子的能态密度不对称。在图中的费米能级附近，"上自旋"舞者多于"下自旋"舞者。这也和铁磁体中磁性的来源有关。

通常可以用电子的"自旋极化率"P 来定量地表示材料中电子自旋沿某个方向的极化程度。极化率定义为上旋与下旋电子数（舞者数目）之差，相对于总电子数的百分比：

$$P = \frac{N_{\text{up}} - N_{\text{down}}}{N_{\text{up}} + N_{\text{down}}} \times 100\%$$

从图 3.4.1(b)不难看出，对非磁性金属，因为上自旋和下自旋的电子数相等，所以在费米能级处 $P=0$；而对于铁磁体，在费米能级处上自旋的电子数多于下自旋电子数，因而 $0 < P < 1$；一般铁磁体中电子极化率的值在 $30\% \sim 50\%$。

再来看图 3.4.1(b)右图，它的形状与众不同，表示了一种特殊而有趣的能带结构。如果你将此图与图 3.4.1(a)中的金属及绝缘体的能带图相比较，就会发现，它是两者的结合。左半部分上自旋电子的子能带是金属性的,而右半部分下自旋电子的子能带是绝缘体(或半导体)的。人们将这类材料叫作半金属磁体。也就是说,这种材料对上自旋电子来说是金属,因为费米面附近有上自旋的传导电子;而对下自旋电子来说是绝缘体,因为费米面在下自旋子能带的禁带中。

半金属磁体在 1983 年被荷兰奈梅亨(Nijmegen)大学的德·格鲁特(de Groot)等人首次发现[35]。

特殊的能带结构带来了特殊的性质,半金属磁体的重要特性之一就是能得到完全自旋极化的传导电子,即所有的芭蕾舞者都往一个方向转。这是显而易见的,因为从图 3.4.1(b)右图中,可以得到 $N_{\text{down}}=0$,然后根据自旋极化率的定义便有 $(P=100\%=1)$。这在自旋电子学中是个很有用的性质,3.5 节中将会继续讨论这点。

(2) 稀磁半导体(diluted magnetic semiconductors,DMS)

半导体材料的优点之一就是对掺杂的敏感性。掺进少量的杂质就能大大地改变材料的性能。PN 结的发现就是反映这种敏感性的典型例子。现在,我们要利用与物质磁性有关的电子自旋。物理学家们很自然地想到,如果能在非磁性化合物半导体材料中,掺进一些磁性物质,是否就有可能形成一种同时具有半导体特性和磁性的新型功能材料呢?

换言之,这些目前集成电路技术中使用成熟的半导体材料如硅(Si)、砷化镓(GaAs)等,经过掺杂后有可能变成磁性材料。半导体材料有了磁性,才能对电子自旋加以控制和利用。而自旋不仅是电子的内禀特性,也是光子的内禀特性,电子和光子可以通过它们的自旋而相互作用。这样,就有可能从磁性半导体材料制备出集磁、光、电于一体的新型半导体电子器件来。

稀磁半导体就是指非磁性半导体中的部分原子被铁磁性金属元素取代后而形成的一种磁性半导体材料。

稀磁半导体的历史可以追溯到 20 世纪 60 年代苏联和波兰科学家的研究。后来,1986 年由 T. 斯托里(T. Story)带领的团队在对材料居里温度的控制方面作出了突出贡献[36]，使稀磁半导体走向实用。

如图 3.4.2 所示的(Ga，Mn)As 稀磁半导体，就是由常用的半导体材料砷化镓(GaAs)掺进具有磁性的锰(Mn)原子而构成。掺杂了磁性原子之后的新材料仍然保持原来 GaAs 的面心立方晶格结构，只不过由少量 Mn 原子随机地取代某些 Ga原子而已，就如原来 GaAs 中掺入 Zn 原子以形成 P 型半导体类似。

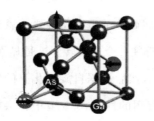

Ga原子　As原子　Mn原子

磁性的 Mn 原子随机地取代GaAs 中某些 Ga 原子而形成(Ga, Mn)As 稀磁半导体

图 3.4.2　稀磁半导体(Ga，Mn)As 的构成

目前，对各种磁性半导体材料的研究方兴未艾。半导体相较金属而言，有许多优越之处。比如，电子在半导体中的平均自由程(10μm 数量级)比在金属中(10nm数量级)大得多，这对于构建自旋电子学的器件十分有利。

在金属材料中，只有电子是导电的载流子；在目前广泛应用的传统半导体中，可以存在电子和空穴两种载流子；而在磁性半导体材料中，则可以有 4 种不同类型的载流子："上自旋"电子、"下自旋"电子、"上自旋"空穴和"下自旋"空穴。载流子种类的增多使得器件设计工程师们可控制的自由度增加。在自旋电子学中，既可以利用电场又可以利用磁场，来控制 4 种载流子的输运，从而构建更好、更多功能的电子器件。此外，稀磁半导体的巨磁电阻现象，可用于制造具有磁性存储和记忆功能的逻辑运算电路，更好地模拟人类大脑，促进人工智能的研究。

电子自旋舞者在半导体中与磁共舞，必将其乐无穷。

自旋转移力矩[37]

目前,自旋电子学相关的课题,无论是物质材料还是工程器件,大多数都仍然处于理论和实验的研究阶段。在已经获得商业成功的 GMR、TMR 硬盘读出磁头的带动下,磁性随机存储器(MRAM)算是已经进入市场的实例之一。MRAM 市场成功的转折点是在 2007 年,IBM 和 TDK 公司以及后来的东芝公司开发使用了一种被称为自旋力矩转换(spin-torque-transfer,STT)的新型技术之后。本节将对此技术作一简介。

前面几节中介绍过的巨磁电阻效应和隧道磁电阻效应,都是用三明治薄膜结构中上下夹层的相对磁化方向来控制电流:当上下磁性夹层磁化方向相同时,电阻小电流大;当上下磁性夹层磁化方向相反时,电阻大电流小。因而这种效应可以用于读取已经记录在硬盘上的磁性信息。现在,对随机存储器来说,除了读取信息,信息的写入也是非常重要的一环。实际上,写入是读取的反过程。既然磁电阻效应被用作"读取",这种效应的相反过程就应该可以被用作"写入"了。那么,对TMR(GMR)来说,有没有一个反过程存在呢?对此,物理学家们已经有了答案,这个与自旋相关的磁电阻效应的反效应,就是自旋力矩转换。

磁性随机储存技术中的自旋力矩转换(STT-MRAM),可以用来写入计算机中的"0"和"1"逻辑信息。首先让我们了解一下,这种新技术与它之前的存储方法相比,有何优越性。

所谓随机储存技术,即各种 RAM,算是目前大多数计算机的一种短期记忆方式。计算机不像人脑那样,人脑细胞既管运算,又管记忆。计算机却将它们截然分开：长期保存数据的硬盘放在计算机脑袋中的一个角落,离主宰运算的 CPU 远远的。因为硬盘利用的是铁磁性物质,铁磁体可以被用于制造永久磁铁,硬盘也就被用作计算机的长期记忆。这个能永久储存的大仓库虽然保险,存取却很不方便。于是,CPU 旁边便被安置了一个临时放点东西的地方,这就是计算机中的 RAM。

大多数种类的 RAM(DRAM、SRAM 等),都只是利用了电子形成的电荷流。而传统使用的半导体硅,也不像铁磁体那样擅长永久记忆。因此,这些传统 RAM 的记忆都是挥发性的。断电后数据便消失了。因此,使用 DRAM、SRAM 的机器,即使是在休眠的状态下,也需要一定的电力来维持数据,这样做的结果造成了额外的耗电和发热。而 MRAM 的优越性则是存储的数据不会挥发。因为 MRAM 利用了自旋的磁性,现在先进的材料技术又使我们能将铁磁物质与半导体材料结合起来。所以,MRAM 就能结合硬盘永久记忆的优点。它无须电流来维持记忆。当用 MRAM 来运行的计算机不想工作的时候,随时可以睡个清凉的午觉。或者说,当你重新启动计算机并想进入窗口的时候,将不再需要看着那个转悠的小圈圈等待老半天了。为什么原来需要等待呢?那是因为 CPU 一大早醒过来时,发现它旁边的 DRAM 中空荡荡的,什么也没有啊!昨天的“窗口”已经被拆卸运走了,需要重建。那么,CPU 只好迅速指挥运输人员将它所需要的各种零件从远远的大仓库运送过来。这时,我们也就只好等待啦。而有了 MRAM 后就不一样了,CPU 上一次建造好的“窗口”还在那儿,只需要打开就行了。

也有研究者对原来那种只利用电流而无法长期保留的挥发记忆方式进行改进,做成了 FLASH 记忆器。虽然 FLASH 不是使用磁性原理,但它和 MRAM 类似,也是属于非挥发的。不过 FLASH 的缺点是:当数据改变了需要抹去记忆重复写入时,要使用较高的电压(10V 左右)。这会逐渐损害 FLASH 的结构,使其健康状况日益恶化而造成抹写的次数有限。反之,MRAM 则无此限制,是一个几乎能重复读写无限多次的长寿者。

上面解释的是一般磁内存 MRAM 的优点,而基于自旋转移力矩(STT)的

MRAM,相比传统的 MRAM 又是一个革命性的改变。

由图 3.5.1(c)可见,STT-MRAM 和传统 MRAM 共同的关键部分是磁隧道结(magnetic tunnel junctions,MTJ)。也就是在前面解释隧道磁电阻效应时使用的那种上下为磁性金属薄膜,中间为绝缘层的三明治结构。

概括地说,利用物质磁性来储存信息的本质,就是电和磁转换的过程。写入时,将电流变成磁;读出时,则将磁变成电。MTJ 是擅长这两种功能的专家。MTJ 读出时,利用隧道磁电阻效应,写入时则使用"自旋转移力矩"技术。

图 3.5.1(c)左图所示的,是应用 STT 技术之前的磁内存原理:携带逻辑信息的电流通过导线时,在导线周围空间产生环形磁场,这个磁场作用到 MTJ 的铁磁体上。电流方向不同(0 或 1),记录下来的磁场极化方向便不一样。

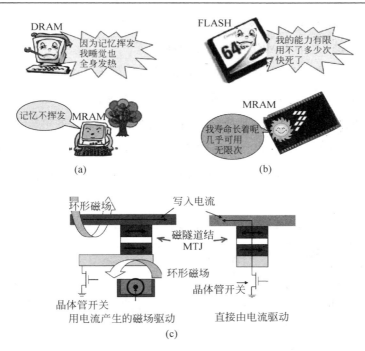

图 3.5.1　MRAM 的优越性

(a) DRAM 与 MRAM;(b) FLASH 与 MRAM;(c) MRAM 与 STT-MRAM

传统磁内存的方式显然是效率不高的，因为电流产生的磁场弥漫于空间，只有一小部分进入 MTJ 的磁性物质中。最有效的办法当然是直接将电流注入磁性物质中去。不过原来工程师们以为，电流由电荷组成，电荷与磁性不相干呀！现在不同了，他们认识到电子除了电荷，还有自旋。自旋和磁性是可以相互作用的。接下来，就有了用电流来直接驱动磁隧道结储存数据的方法，即 STT-MRAM[图 3.5.1(c)右图]。

1996 年，美国纽约 IBM 的材料物理学家斯隆茨基（Slonczewski[38]）和美国卡内基·梅隆大学的博格（Berger[39]）教授通过计算预测：当自旋极化电流流过纳米尺寸的铁磁薄膜时，能使铁磁薄膜中的原子磁矩发生变化。换言之，电子的自旋能对铁磁原子产生力矩，这个力矩可以被用来"扭转"铁磁体薄膜的磁化方向。这两篇文章为自旋转移力矩技术奠定了理论基础，说明直接用电流来驱动磁隧道结，而不是用电流导线产生的环形磁场来改变磁性的写入方法是可行的。图 3.5.2(a)说明了 STT-MRAM 的工作原理。

自旋的电子能对 MTJ 中铁磁原子施加力矩，使其作进动，最后产生磁矩翻转[图 3.5.2(b)左图]。进动是日常生活中为我们熟知的现象，最常见的例子就是孩子们喜欢玩的陀螺。如图 3.5.2(b)所示，一个在地面上高速旋转的陀螺[图 3.5.2(b)右图]，会受到重力的作用但却能暂时不倒，原因是什么呢？那正是因为重力产生的力矩转换成了角动量，引起陀螺的转动轴不断改变方向，沿着通过陀螺顶点的垂直线作进动。

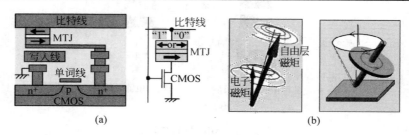

图 3.5.2　基于 STT 的磁内存原理和进动原理

（a）STT-MRAM 原理图；（b）电子自旋和磁矩的进动，类似陀螺

图 3.5.3 说明 STT-MRAM 中的 MTJ 在正反两种不同方向的写入电流通过时的工作原理。

磁隧道结由左右铁磁层和中间的绝缘体组成。图中各层的厚度并不是实际的尺寸。实际上，最左边一层要做得比另外两层厚很多，其目的是将左层的磁化方向"钉扎住"保持不变，因而称为固定层；而最右边铁磁层的磁化方向是不固定、可以转动的，称为自由层。

现在假设，当需要写入的状态为 0 时，电流从右至左通过 MTJ，电子运动的方向则是从左到右[图 3.5.3(a)]。也就是说，电子首先经过固定层。该层的磁化方向固定向上，电子经过后，它们的自旋也都"被迫"选取了这个方向（向上）。因此，电流成为"上"自旋极化电流。这时，电流中所有的自旋电子如同一列跳集体舞的芭蕾舞者，在向前移动的同时，还朝同一方向绕自身旋转！

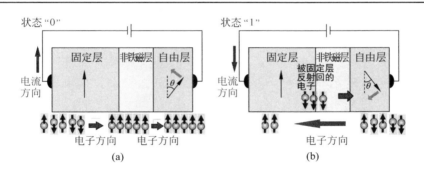

图 3.5.3　写入电流（0 或 1）通过磁隧道结的情形
（a）自旋迫使自由层磁矩与固定层平行；（b）自旋迫使自由层磁矩与固定层反平行

这些芭蕾舞者来到了自由层，自由层的守卫士兵们（铁磁体中的原子磁矩）也在朝某个方向绕自身旋转。如果芭蕾舞者的自旋方向与士兵的自旋方向不同，互相的舞步便会不和谐而有所干扰。换成物理学的术语就是，极化电子和极化原子互相都有一个力矩作用于对方，使两者产生进动。进动并不是一个自然的稳定状态，就像没有外力供给的陀螺，最终总会倒下而停止那样。自由层中的士兵们，也拗不过芭蕾舞者，最后被"征服"而与她们同步，转为"上旋"方向。换言之，对电流信号 0，自由层和固定层的磁化最后将会趋于一致。

如果写入电流反向（对应 1），电子运动方向变成从右向左，如图 3.5.3(b) 所示。芭蕾舞者们先来到自由层，她们也会受到自由层士兵们舞步的影响而取其方向。但是，因为自由层太薄，她们的人数又足够多，大多数舞者还来不及转向就轻飘飘地飘到了固定层。要知道，固定层的"上旋"转向是顽固而不容改变的！它们让上旋的电子轻易通过固定层，却将下旋电子反射回去，这些下旋电子返回到自由层时，又对自由层原子施以力矩，使自由层原子的磁矩被"扭转"朝下。因此，对电流信号 1 而言，自由层和固定层的磁场最后将会相反。

如上所述，将自由层的极化方向记录下来，便完成了 STT-MRAM 的写入过程。

几种简单自旋器件

利用电子的自旋特征来制造速度快、耗能少、体积小、记忆时间长的电子器件，是自旋电子学的目标。实际上，在前面的章节中介绍过的用 GMR 或 TMR 原理的硬盘读出磁头，以及上一节的 STT-MRAM，都是这类利用了电子自旋特征的磁电子器件。这些磁电子器件中的关键部分是磁隧道结(MTJ)。

下面再介绍几种自旋半导体器件。

1) 自旋过滤器

根据半金属的特性，理论上很容易就想到，可以用它来做成电子自旋的过滤器。就像农民用来筛选种子的筛子一样，自旋过滤器只让某种自旋方向的电子通过。

图 3.6.1 显示的是一种利用半金属的自旋滤波器。它由一片半金属的薄膜层夹在两片普通金属薄膜层之间而构成。我们可以从这三片不同材料的能带结构来解释它的工作原理。

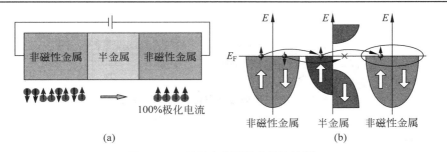

(a)   (b)

图 3.6.1　利用半金属的自旋滤波器

（a）结构；（b）能带图

从图 3.6.1(b)中 3 层材料的能带图可以看出：在费米能级附近,两端的非磁性金属对上自旋电子和下自旋电子没有区别。因此,当非极化的电子流穿过左边的金属层后,有相同数目的上自旋电子和下自旋电子进入中间的半金属薄膜中。但是,从半金属的电子能带结构的观点看,这种材料对上自旋电子来说是金属,对下自旋电子来说却是绝缘体。因此,中间层只能允许上自旋电子通过,下自旋电子则被反射回去。所以,在右边的非磁性金属的电流中,只有上自旋的电子,最后,我们便得到了百分之百极化的上自旋电流。

2）自旋场效应管

图 3.6.2 对自旋场效应管与传统场效应管做了一个简单的比较。图 3.6.2(a)是传统 FET 用作开关的简单原理示意图。这种晶体管利用栅极势垒的"有"或"无",来控制从源极到漏极的电流(电子),实现对电流的"关"和"开"的作用。当栅极部分存在一个势垒时,电子很难通过,FET 处于关闭的状态；而当栅极部分势垒消失的时候,电流容易通过,电路开启。这两种状态(关、开)分别对应于图(a)中的上图和下图。因此,传统 FET 的开关速度和耗能多少由栅极建立(和消灭)势垒的速度及所需功耗所决定[40]。

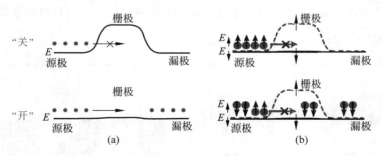

图 3.6.2　自旋场效应管与传统场效应管之比较

（a）传统 FET；（b）自旋 FET

栅极的控制势垒如果太低、太窄,就会加大漏电流而使得开关状态不易区分。要形成可靠的、有一定高度和宽度的势垒,则需要较大的能量。并且,势垒的建立和消失都需要时间,反复地建立和消失更会影响晶体管开关的速度。图 3.6.2(b)中使用的自旋 FET 则利用不同的原理。自旋 FET 的栅极势垒曲线是固定的,只是因电子自旋方向的不同而一分为二:对上自旋电子,势垒总是存在(图中的虚线);对下自旋电子,势垒总是为 0(实线)。换言之,这种 FET 阻止上自旋电子,只能让下自旋电子通过。因为它的势垒固定,不需要花费能量和时间来加以改变。栅极的控制作用则通过翻转入射电流中电子的自旋方向来实现。比起建立电场势垒来说,这种翻转只需要很少的能量并且速度快得多。

3) Datta-Das 自旋场效应管

第一个自旋 FET 的构想是 1990 年由达塔(Datta)和达斯(Das)提出的[41]。其基本结构及原理见图 3.6.3。两边的铁磁电极(S 和 D)取相同的固定的极化方向,中间是由半导体掺杂异质结形成的二维电子气通道(红色,扫二维码看彩图)。图 3.6.3(b)说明了 Datta-Das FET 的工作原理:电子从源极注入,其自旋极化方向与两边磁性金属的极化方向一致。然后,控制栅极的电场大小可以使沟道中的极化电子自旋取向发生进动和翻转。

彩图 3.6.3

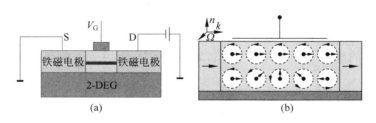

图 3.6.3　Datta-Das 自旋场效应管
(a) 结构;(b) 原理

图 3.6.3(b)中上面一排所显示的是 FET 处于“开通”状态时的情形。这时栅极电压被调节到不影响电子的运动。电子因为极化方向与两边铁磁体磁化方向一致而形成较大的电流,晶体管为“开启”状态。

图 3.6.3(b)中下面一排所显示的是 FET 处于“关闭”状态时的情形。这时,电

子自旋的极化方向受栅极电场的影响而产生进动。调节栅极的电场,可刚好使电子到达漏极时自旋方向翻转而与漏极磁化方向相反。如此一来,电子被漏极阻挡而不能通过,FET 呈关闭状态。

Datta-Das 自旋场效应管提出 20 多年后,2010 年年底,美国得克萨斯 A&M 大学物理学家杰罗·斯纳夫(Jairo Sinova)领导的一个国际科研小组在《科学》杂志上发表文章[42-43],宣布他们研制出了首个能在高温下工作的自旋场效应晶体管。他们将自旋态和异常霍尔效应结合在一起而制成该器件。演示线路中包含了一个与门逻辑设备。

4）自旋激光器

现在正流行 3D 电视,为了提高 3D 图像的分辨率,需要从一个光源发射出两个正交偏振的激光。自旋激光器便可以方便地提供这个功能。

图 3.6.4 是一种垂直腔表面发射激光器(vertical-cavity surface-emitting laser, VCSEL)[44-45]的几何结构及工作特点示意图。图 3.6.4(a)显示了自旋激光器的结构。激光谐振腔由上下一对平行的,高反射率的分布式布拉格反射器(distributed Bragg reflection, DBR,图中的条纹区域)形成。激发电子从左右两端注入。两端的两个磁性触点分别用来实现注入电子为"上自旋"或"下自旋"。右侧的电压 V 用以控制上下自旋电子的比例,从而控制整个注入电流的极化率 P_J。

这种利用自旋的激光器较传统激光器而言,有如下 3 个不同之处。

第一个特点是显然的:其注入的电子流是自旋极化的,即 P_J 不等于 0。激发电子的自旋极性以角动量的形式转移到出射的激光束。因而,一般来说,发出的激光是两个方向极化的圆偏振光的组合,这是自旋激光器的第二个特点。第三个不同之处是关于激光的阈值。传统激光因为未考虑自旋,只有一个阈值,如图 3.6.4(b)所示,普通激光的光强随电流变化曲线上有一个转折点(阈值,图中为 1)。这个转折点将激光器的工作区域分成两部分:当电流小于阈值时为关闭状态,激光强度为 0;当电流大于阈值时则有激光发射。

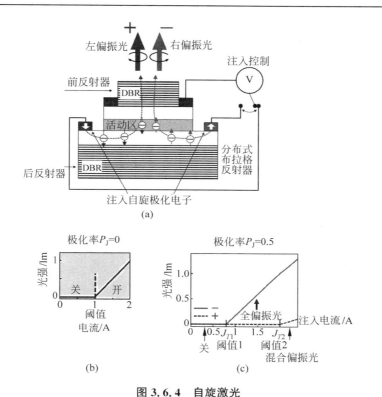

图 3.6.4　自旋激光

（a）自旋激光器结构；（b）普通激光的光强与电流；（c）自旋激光的光强与电流

对自旋激光器来说，则有两个独立的电流阈值，分别对应于上自旋流和下自旋流。两个阈值便将工作区间分成了三部分，界定了 3 种运行模式：关闭、完全极化、混合极化。例如，图 3.6.4(c) 所显示的是，当极化率 P_J 等于 0.5 时，自旋激光器发射的光强与电流的关系曲线。从图中可看出 3 个不同的区域。有趣的是，在第二个区域，我们得到全偏振光，虽然这种情况时，注入电子并不是百分之百极化的（$P_J=0.5$）。这样，也可以将自旋激光器看作一种"极化放大器"。在上述例子中，便是将"部分极化"放大成了"完全极化"：0.5→1.0。

除了 3D 电视，自旋激光器还可用于光通信中。对这种激光器发出的激光，除了传统的调制方法，还可以很方便地进行偏振调制（PM）。

第4章

霍尔圆舞曲

4.1

朗道的故事

半导体物理是凝聚态物理的一个分支。说到凝聚态,自然要想到它的奠基人之一:朗道。

笔者那一代的物理系学生,大多数都是从那一大堆教科书中认识朗道的。朗道和他的得意门生栗弗席兹合著的《理论物理教程》,正如理论物理所郝柏林先生所说的:"这是一部空前而且很可能绝后的巨著。这套书描述了一个理论物理工作者应当具备的基础知识。"[46]这一套十册经典著作,孕育了苏联以及全世界好几代的理论物理学家。

物理学家列夫·达维多维奇·朗道(Lev Davidovich Landau,1908—1968),因其对液氦所作的先驱性理论,被授予 1962 年诺贝尔物理学奖。朗道曾经自称是世界上最后一个全能的物理学家,虽不知道有多少物理学家能认可他的这个结论,但是可以肯定,大多数当年接触过朗道的人都不会反对下面的说法:朗道是一个绝顶聪明且个性非常独特的物理学家。

有关朗道的传闻轶事很多,朗道对理论物理方方面面的贡献也非常多。这里仅从朗道的传奇一生中精选几条。

(1)"三剑客"初试啼声,侃物理锋芒毕露。

20 世纪 20 年代,风景优美的列宁格勒大学(也叫圣彼得堡国立大学)校内,那一座座古老而雄伟的建筑,象征着俄罗斯的悠久历史和丰富的文化遗产。在物理学院的校园中,图书馆的长廊里,经常活跃着 3 个年轻人的身影。他们是被人称为"三剑客"的 3 个理论物理方向的学生:朗道、伽莫夫、伊凡宁柯(图 4.1.1)。

图 4.1.1　列宁格勒大学理论物理"三剑客"：伽莫夫（上左 1）、
伊凡宁柯（上右 2）、朗道（下右 2）

　　"三剑客"中最年轻的是朗道。他有着高挑瘦削的身材和一双微微突出来的大眼睛。几缕黑色卷发不时地垂下来,随意地耷拉在高高宽宽的额头上。他 13 岁就修完了中学课程,并自学了微积分。他 19 岁那年,朋友们为他庆祝生日,也同时祝贺他大学毕业。那时候的"三剑客",在一起讨论数学、畅谈物理,彼此亲密无间,互用昵称相称,然而谁又能料到几十年之后他们各自的不同命运呢?

　　此时的 3 个人风华正茂,为当时物理中诞生不久的量子力学和相对论而欢欣鼓舞、激动万分。朗道经常恨自己生得晚了几年,没能赶上这两个革命性的物理理论开创的年代。他曾经遗憾而风趣地比喻说:"漂亮姑娘(指量子力学中的好课题)都和别人结婚了,我们只好找不太漂亮的谈恋爱!"尽管如此,3 个朋友仍然雄心勃勃,干劲十足。他们发表了不少有一定水平的专业文章。朗道和几个同学都曾经合作发表论文。他和伊凡宁柯一起研究费米子,还和伽莫夫合作研究宇宙学。

　　有趣的是,据说 3 个人还曾经共同喜欢过一个漂亮女孩。为了取悦她而合作发表了一篇只有短短 3 页纸的物理论文[47-48]。这篇文章考察了物理学中几个基本的普适常数和相互转换。3 位物理学家一直未将这篇区区小文当回事儿。但是后人却认为它的意义不凡，直到近几年还经常被其他论文引用。不过，论文虽然发表了，但"三剑客"中的任何一位都没有赢得那位女孩的芳心，并且科学史家们至今也未能考证出这个女孩的名字和来历。

很难说清楚"三剑客"这段年轻时候的经历对他们后来的学术生涯有多大影响，但后来3个人都成为颇有声望的物理学家，对物理学作出了杰出的贡献，这是不争的事实。（"三剑客"后来扩展成了"五位火枪手"）

据说朗道曾经如此形容他们这3个人：朗道用菱形代表自己，认为自己是头脑聪敏，屁股坐不住，静不下心来做学问的人（上下都尖）；用三角形代表伽莫夫（上尖下平：表示头脑聪敏且能坐得住）；用方形表示伊凡宁柯（上平下平：聪明不足但坐得住）。有人说："性格即命运！"如今看起来，这3个几何图形似乎的确成了3个人迥然不同的性格特征和命运的预言！

伽莫夫（1904—1968）在1933年出席于布鲁塞尔召开的一次物理会议时逾期不归，在居里夫人的帮助下移居美国，后任教于美国加州大学伯克利分校。他是量子隧道效应的发现者。玻尔曾赞誉他说："伽莫夫是另一个海森堡。"笔者有一篇文章曾经介绍过伽莫夫[49]，在此不再赘述。伽莫夫早期用隧道效应解释 α 衰变，后来提出大爆炸理论，还关注生物学中的遗传密码问题。总之，他虽然未曾获得诺贝尔奖，却做出了3个相当于诺贝尔奖级别的成就。这是一个头脑灵活、命运稳当的人。

朗道也很聪明，但命运多舛，大起大落，如菱形般始终难以稳定平衡。他不幸于54岁时遭遇车祸，过早地结束了作为一个物理学家的生命。不过，他获得过诺贝尔奖。

德米特里·伊凡宁柯（1904—1994），是"三剑客"中的长寿者。智力不算最顶尖，却能老老实实地做学问。尽管在一段时间内，人们对伊凡宁柯政治方面的所作所为颇有争议，特别是朗道和伊凡宁柯后来一直不合。天分固然重要，但时间的积累效应也不容小觑，伊凡宁柯稳稳当当地任职莫斯科大学50多年，对原子核的质子-中子模型和场论研究作出了不凡的贡献。最后，安享90岁高龄，无疾而终。好一个四平八稳的方形!

(2)战泡利唇枪舌剑,敬玻尔亦师亦友。

1930 年左右,朗道到德国、瑞士、荷兰、英国、比利时和丹麦各地游学一年半,见到了一大帮活跃在量子领域的物理学家。当时的欧洲,学术气氛浓厚,大师云集,使朗道大开眼界。在德国,他见到了爱因斯坦,但是没有成功地说服这个"老"男人同意量子力学的正确性[47]。

在丹麦哥本哈根玻尔研究所工作的那一段时间,给朗道的印象尤为深刻。

玻尔研究所是当时理论物理学家们朝圣的麦加。年轻的朗道素以口无遮拦、言辞犀利而著称。在玻尔的讨论班上与人争论时,他更是咄咄逼人、锋芒毕露。争论对手中最能与之匹敌的是有"上帝鞭子"之称的泡利。两人都在场的时候可热闹了,争论到两个人嗓子都嘶哑了还胜负难分。在听物理报告会时,朗道则经常喧宾夺主,夸夸其谈,以至于玻尔经常要无可奈何地提醒他:"朗道,只做些评论吧! 现在让我说上几句。"(图 4.1.2)

图 4.1.2　伽莫夫的漫画:朗道和玻尔
注:漫画的标题是"玻尔'插嘴'的唯一途径是塞住朗道的嘴"
(Bohr's only way"to get a word in"was to gag Landau!)

难得的是,傲慢自负的朗道终生景仰玻尔。两个人虽然性格迥异,对物理现象高度敏锐的直觉却是一致的。朗道很少提及他的老师,但却经常自称是玻尔的弟子。

（3）卡皮查力保英才,共患难攻克超流。

除了玻尔,与朗道合作研究和始终患难与共的朋友是另一位苏联物理学家卡皮查(图 4.1.3)。

朗道(右)与玻尔(左)在莫斯科大学(1961年)　　　朗道(左)与卡皮查(右)(1950年)

图 4.1.3　朗道、玻尔与卡皮查

尽管卡皮查比朗道大 14 岁,但他们却有许多共同之处:同样率直的性格、类似的政治遭遇、共同的科研兴趣、同做低温物理研究、先后荣获诺贝尔奖。朗道最初是在 1930 年前后欧洲游学时,在剑桥大学的卡文迪什实验室与卡皮查不期而遇,并从此成为终生的朋友。

卡皮查在剑桥工作了十几年,硕果累累,地位不凡。却万万没想到,在有一次回苏联探亲时,被当局无端注销了护照,被迫做了"海归"[50]。不过,这也正好使他与朗道结缘。他作为新任命的苏联科学院瓦维洛夫物理研究所所长,立即邀请朗道当了理论分所的所长。两人一拍即合,双双投入低温物理(液氦超流体)的研究中,卡皮查做实验,朗道钻研理论,真是天作之合!

后来,朗道被捕入狱后,卡皮查不顾自身安危,差点搭上身家性命,多次上书苏联政府。最后,经过整整一年的努力,费了九牛二虎之力,终于将朗道力保出狱。其间,玻尔也曾经致信斯大林要求释放朗道。经过这次波折之后的朗道,傲慢自大的古怪脾气有所收敛。他潜心研究物理,之后短短几个月之内,就成功地完成了液氦超流的理论解释。

（4）建势垒精挑细选，毙论文武断自负。

玻尔访问苏联的时候，由栗弗席兹担任翻译。其中有一句玻尔的原话是："我敢于当着年轻人的面承认自己愚蠢。"栗弗席兹立即不假思索地翻译成："我敢于当着年轻人的面承认他们愚蠢。"当场引起哄堂大笑。在这儿，"自己愚蠢"被栗弗席兹错译成了"他们愚蠢"。栗弗席兹赶忙道歉，在场的卡皮查笑着说了一句精辟之语："这一字之差，正是两所学校之差！"意即栗弗席兹的错译刚好反映了玻尔和朗道对学生迥然不同的态度。

朗道在讲台的黑板旁边挂了一幅油画，画的是牧羊人对着吃草的羊群吹笛。据朗道自己解释：他是牧人，学生是羊。言外之意则是说，他讲课就是"对羊吹笛"。用中文成语来诠释，就是"对牛弹琴"。

朗道对研究生的要求更为苛刻，学生们必须通过一系列严格的考试，包括 2 门数学和 8 门物理，学生们称为"朗道势垒"。但即使通过了所有考试，也未必就能当上朗道的弟子。比如，有一个通过了"势垒"的中国学生，就被朗道判定为"无创造力，适合教书"而关在门外。

2013 年夏天，笔者在美国见到郝柏林先生，听他亲口讲述了一遍当初参加"朗道势垒"考试的经过：势垒尚未完全攻破，朗道就出了严重的车祸。后来郝柏林虽然通过了所有的考试，但朗道却无法指导学生了。因而，他没有成为朗道的 43 名学生之一。对此事，郝先生至今仍然深感遗憾。不过他说，在攻克势垒的过程中学到的理论物理知识，掌握的数学技巧，使自己终身受益[46]。

事实也的确如此，经过朗道精挑细选出来的学生，大多都成为物理界的佼佼者。这种严格筛选学生的方法，更是影响了苏联理论物理界一代学风。其中不乏诺贝尔物理学奖得主。

严苛的考核也许还能造就人才，但武断专制的学阀作风就不可取了。朗道的天才和成就蒙蔽了他的眼睛。他曾经枪毙掉一篇极其重要的论文。那是在 1956 年，苏联物理学家 I. S. 沙皮罗（I. S. Shapiro）在对介子衰变的研究中，发现了弱相互作用的宇称不守恒[47]。他将论文交给朗道审阅，但朗道只相信自己的直觉，认为沙皮罗的想法是错误的，看也不看便将它扔在一边。当时苏联的物理学界，没有被朗道审查过关的论文是难以发表的。直到几个月之后，李政道和杨振宁提出了弱相互作用下宇称不守恒的理论，并在第二年获得诺贝尔物理学奖，朗道才如梦初醒，意识到自己丢掉的是一篇诺贝尔奖级别的文章。

不仅仅是对学生，朗道对同行，甚至有名望的物理学家，有时也会出言不逊。一个小例子足以说明朗道年轻时的狂妄自大：1931 年，玻尔致信朗道，问其对狄拉克的"电子正电子-狄拉克海"著名假说的看法。不久，他收到 23 岁的朗道发来的一封电报，回答只有一个德文词语："Quatsch!"（意思是"垃圾"）。

（5）传美名朗道十诫，凝聚态大显身手。

无论如何，朗道在物理学上的贡献是巨大而且多方面的。1958 年，苏联原子能研究所为了庆贺朗道的 50 岁寿辰，曾经送给他两块大理石板，板上刻下了朗道平生工作中的 10 项最重要的科学成果，借用摩西十诫之名，把他在物理学上的贡献总结为"朗道十诫"（"Ten Commandments of Landau"）。（图 4.1.4）

朗道(右)和栗弗席兹(左)(1948年)　　　　"朗道十诫" 的大理石板

图 4.1.4　朗道和栗弗席兹以及"朗道十诫"

这 10 项成果是：

量子力学中的密度矩阵和统计物理学(1927 年)；

自由电子抗磁性的理论(1930 年)；

二级相变的研究(1936—1937 年)；

铁磁性的磁畴理论和反铁磁性的理论解释(1935 年);

超导体的混合态理论(1934 年);

原子核的概率理论(1937 年);

氦 Ⅱ 超流性的量子理论(1940—1941 年);

基本粒子的电荷约束理论(1954 年);

费米液体的量子理论(1956 年);

弱相互作用的 CP 不变性(1957 年)。

"朗道十诫"中 6 项都和凝聚态物理有关,这也是朗道被人誉为凝聚态物理奠基人之一的原因。

其中,朗道对相变的研究及物相的分类与本书叙述的内容有关系,因此在下节中将对此做一简单介绍。

(6) 出车祸震惊学界,摘桂冠声名长留。

1962 年 1 月 7 日早晨,莫斯科郊区一片冰天雪地。朗道乘车去杜布纳,驾车人是朗道的朋友,另一位理论物理学家。半途中,汽车在公路上突然打滑,撞向迎面而来的一辆载重货车。别人都安然无恙或微受轻伤,就连车内的鸡蛋都没有被震破,唯有朗道多处受伤:断了 11 根骨头,最严重的是头骨骨折,以至于当朗道被送到医院时,已经濒临死亡。

这场车祸震动了整个物理学界。苏联最好的医生竭尽全力拯救朗道的生命,物理学家们聚集到朗道所在医院的长廊上为他祈祷,玻尔也亲自安排了一流的医生前往莫斯科会诊。在多方努力下,朗道在车祸发生的两个月之后从昏迷中醒来,3 个月之后说出第一个单词:"谢谢",5 个月之后想起他有一个儿子……

然而,朗道最终也没有能恢复成作为物理学家的那个朗道。作为一个普通人,他的健康逐日好转,但他的短期记忆却被严重损害了,过去那个思维敏捷、言辞犀利、刻薄严谨、说一不二的学者不复存在,甚至再也无法与人讨论任何科学问题了。

突如其来的车祸带给朗道的严重后果也震惊了诺贝尔奖委员会,使他们产生一种紧迫感,立即决定将当年的诺贝尔物理学奖授予朗道,以表彰他在 20 年前对液态氦超流体理论作出的贡献。那是朗道在当年那场牢狱之灾后，在卡皮查发现的液态氦超流体实验的基础上所建立的理论。朗道获得了诺贝尔奖的 16 年之后，卡皮查在 84 岁高龄时，也因此项研究被授予了 1978 年的诺贝尔物理学奖。

因为朗道健康的问题，1962 年年底，诺贝尔奖委员会破例由瑞典驻苏联大使，在莫斯科的医院里将诺贝尔物理学奖颁发给了朗道(图 4.1.5)。

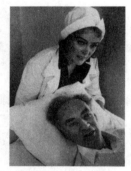 

朗道和妻子珂拉在医院里 (1962年)   在病房中颁发的诺贝尔奖 (1962年)

图 4.1.5 车祸后的朗道

6 年后，1968 年 4 月 1 日，朗道旧伤复发，经抢救无效而告别人世。苏联一代理论物理大师对自己的一生颇为满意，临终时说："我这辈子没白活，做的每件事情都是成功的！"

如何发现能引起电子技术革命的下一代新型材料？它们将来自物质的千姿百"相"。

在前面的章节中，我们从能带理论的角度来区分导体、绝缘体和半导体，而实际上，绝缘体和半导体并没有本质上的差别，它们都对应费米能级位于能隙中的情形。至于能隙的大小，只是量的不同，并无质的差异。

此外，人们说到"导体"或"绝缘体"时，一般指的是不同的物质材料。但是研究表明，即使是同一种材料也有可能在某种条件下是导体，在另一种条件下是绝缘体。当条件变化时，导体状态和绝缘状态便会互相转变，比如我们前面叙述过的半导体(绝缘体)受到光照或加热时而导电的现象，还有凝聚态物理中的安德森转变(Anderson transition)、莫特转变(Mott transition)等，都是这种情形。

导体与绝缘体的相互转变，使我们联想起我们所熟悉的物质在气、液、固三态之间的转变。事实上也的确如此，世界上有各种各样的物质，每种物质又有它各自的不同姿态，或者用更物理的语言，叫作不同的"相"。相和相变是产生各种新物态，发展各种能为工程所用的新材料的物理基础。

初中物理书上告诉我们：物质有气态、液态和固态3种状态。后来的说法又扩大了一些，加上了等离子态、玻色-爱因斯坦凝聚态、液晶态等。除了"态"这个字，现代物理学中用得更多的是物质的"相"。物质的"相"的种类比一般所说的"态"的种类要多得多。也就是说，对应于同一个态，还可以有许多不同的"相"。比如，水的固态是冰，但冰有很多种不同的结晶方式，它们对应于不同的"相"。还有一个大家熟知的一物多相的例子是碳的同素异形体。了解了碳的同素异形体的结构后，大家知道了，女士们青睐的、昂贵的、坚硬而象征永久的钻石，居然和极其廉价、普通的铅笔中的石墨，属于同一种物质！不论贵贱，它们都是由同样的碳原子组成的，只不过晶体结构不同，才形成了特性迥异的物质相（图4.2.1）。

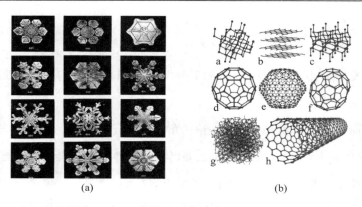

(a)　　　　　　　　　　(b)

图 4.2.1　雪花的结晶态与碳的同素异形体

（a）雪花的不同结晶态；（b）碳的同素异形体

相比于物质"态"而言，物质"相"也有了物理学中更为明确的定义。我们在以后的文字中，用到"态"这个字的时候，将它理解为"相"的同义词。不过，从历史角度看，"相"及"相变"的定义也是随着人们认识的逐渐深化而不断变化的。

人们最开始对"固、液、气"三相的认识，是简单地基于它们表现形态的不同：固体有一定的体积和形状；液体有一定体积而形状不定；气体则体积形状均不固定。而当物质的这三态互相转变时，也相应地伴随着体积的变化和热量的释放（或吸收）。物理学家们将这一类转换叫作一级相变。这个"一级"有一个数学上的意义：在相变发生点，热力学中的参量（比如化学势）不变化，而它的一阶导数（体积等）则有变化。

为了解释实验中不断出现的各种相变，这个一级相变的概念也被延伸下去。如此便有了二级、三级等用热力学量的 N 阶导数来区分的不同级别的相变。不过,级别高的相变并不多,暂时还没有必要分得那么细致,物理学家们把除一级相变之外的更高级相变,统称为连续相变。

描述相变的一个方便工具是相图。比如说,描述水的三相变化的简单相图如图 4.2.2 所示。图 4.2.2 实际上就是水的压力-温度曲线图,图中标示出了水的冰点、沸点等。一般物质三态变化的典型相图基本类似。有趣的是图右上方所示的临界点。在临界点以上的水,叫作超临界水。超临界状态是一种气液不分的状态,有许多神奇的"特异功能"。研究表明,许多别的物质也和水一样,在临界点的附近会呈现许多特殊而有趣的性质[51]。

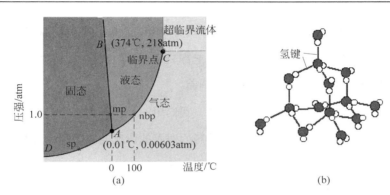

图 4. 2. 2 水的三相变化的相图和冰的晶体结构

(a) 水的三态变化相图;(b) 冰的晶体结构

注:1atm=101.325kPa。

朗道对连续相变提供了一个统一的描述[52],他认为连续相变的特征是物质有序程度的改变,或者更进一步可以看成是物质结构的对称性的改变。如果用物理术语来描述,比如说,朗道把从高对称到低对称的相变叫作"对称性破缺";相应地,反过来的相变则意味着"对称恢复"。

对称性不难理解,最简单的例子就是人体。人体基本上是左右对称的,有左手又有右手,有左眼又有右眼。自然界还有许多对称的例子,对称是一种美。但各种各样的对称性,或许也应该加上各种不对称性,才会构成我们周围美丽的世界。

然而,有一个如今看起来很简单的现象却曾经困惑物理学家多年。那就是,自然规律具有某种对称性,但服从这个规律的现实情形却不具有这种对称性。换言之,在实验中却没有观察到这种对称性。这是怎么回事呢？现在看来,这并不难理解,科学家们已经为我们理清了思路并建立了理论,这个理论就是：对称性自发破缺。

举个通俗例子来说明这个专业术语。比如说,一支铅笔竖立在桌子上,它所受的力(物理定律)是四面八方都对称的,它往任何一个方向倒下的概率都相等。但是,铅笔最终只会倒向一个方向,这就破坏了它原有的旋转对称性,而这种破坏是铅笔自身发生的,所以叫对称性自发破缺。

再表达得更清楚一些,就是物理规律具有某种对称性,但它的方程的某一个解不一定要具有这种对称性。一切现实情况都只是"对称性自发破缺"后的某种特别情形,它只能反映物理规律的一小部分侧面。

对称性自发破缺也会被激发和传递。我们用一个通俗的例子来说明这点。想象一大排竖立着的多米诺骨牌。每个骨牌面对着的情况类似于刚才所举的竖立的铅笔。不过骨牌遵循的规律是左右对称,不像铅笔是旋转对称。一个骨牌的物理规律是左右对称的,但倒下后的位置(向左或向右)就不对称了。并且只要有一个骨牌随机倒下了,对称性自发破缺了,便会诱发邻近的、再邻近的……以至于很远的骨牌一个一个倒下。换言之,这种"元激发"效应像一种波动一样,可以被传递到很远的地方。再进一步,如果骨牌做得比较薄,倒下去很快,它的作用传播起来也很快,很快就能够传到很远的地方,像光子那样。那时我们说,传播的力是一种远距作用,传播粒子的静止质量为0。而如果骨牌比较厚,倒下去时是笨笨的慢动作。那时候,骨牌效应传播不远就被衰减而传不下去了。这种情形就对应于某种短程力,相应的传播粒子则具有一个有限的静止质量。

对称性自发破缺、元激发等概念,是为了解释物质相变被朗道提出,而被安德森发展的。

晶格结构的对称性是一种空间状态的重复。如果将整个晶体移动一个晶格常

数 a，结果仍然是原来的系统。换言之，晶格结构具有在空间平移 a 的变换下系统保持不变的对称性。所以，对称的意思就是系统在某种变换下保持状态不变。除了空间平移变换，还有空间旋转、空间反演等其他种类的变换。除在三维空间的各种变换之外，还有对于时间的平移或反演变换，以及其他性质的变换。各种变换对应于各种不同的对称性。

那么，在相变时，对称性如何破缺呢？以下举几个简单的例子来说明。

首先，让我们比较一下液态和固态的对称性，到底孰高孰低？想象一下在液态中的情形：其中的水分子作着随机而无规的布朗运动，没有固定的方向，没有固定的位置。液态的分子处于完全无序的状态，处处均匀，在任何方向，任何点看起来都是一样的！而这正是我们所谓的对称性，也就是液态的对称性很高。

在固态中的情形不一样了。水分子们不再像在液体中看起来那样单调乏味，它们有次序地排列起来，形成整齐漂亮的格子或图案。比如图 4.2.2(b) 所示的是一种冰晶的结构。当你从晶格中望过去，不同方向会有不同的风景。也就是固态的有序程度增加了，而对称性却降低了。

如果用数学的语言来描述，液态时，如果将空间坐标作任何平移变换，系统的性质都不会改变，表明对空间的高度对称。而当水结成冰之后，系统只沿着某些空间方向，平移晶格常数 a 的整数倍的时候，才能保持不变。所以，物质从液态到固态，对称性减少了、破缺了。从连续的平移对称性减少成了离散的平移对称性，或叫作：固态破缺了液态的连续平移对称性，即晶体是液体的任意平移对称性破缺的产物。相比于液体，晶体的粒子密度出现了空间上的周期调制，从无到有的周期调制的变化，便可以表征物质从液体结晶为固体时的相变。

还有就是顺磁体到铁磁体的转变。在居里温度以上，磁体的磁性随着磁场的有无而有无，即表现为顺磁性。外磁场消失后，顺磁体恢复到各向同性，是没有磁性的，因而具有旋转对称性。当温度从居里点降低，磁体成为铁磁体而有可能恢复磁性。如果这时仍然没有外界磁场，铁磁体会随机地选择某一个特定的方向为最后磁化的方向。因此，物体在该方向表现出磁性，使得旋转对称性不再保持。换言之,顺磁体转变为铁磁体的相变,表现为旋转对称性的自发破缺。

根据物质的对称性及其破缺的方式来研究相和相变的方法被称为"朗道范式"。也可以说由此方式才催生了凝聚态物理[53]。因为物理学家们越来越认识到,分别单独地研究固体或研究液体,都远远满足不了实际情况的需要。特别是又掺和进了低温物理之后,固体物理的研究转向了对大量粒子构成的各种体系的研究。这些系统中的粒子具有很强的相互作用,在各种物理条件下,不仅仅表现为固态、液态,还有液晶态、等离子态、超流态、超导态、玻色子凝聚态、费米子凝聚态……对这些千姿百态以及它们互相转换的研究,便构成了凝聚态物理。

伟大的实验物理学家法拉第,在 19 世纪液化了当时知道的大部分气体。1908年,荷兰物理学家昂内斯将最后一种氦气液化(-269℃),开辟了低温物理的新天地。

在液氦超流性的理论研究中,朗道天才地提出了元激发的假设,并第一个引入声子的概念来说明元激发,以解释超流体的临界速度问题。此外,朗道对低温超导理论也有重要贡献,他和金茨堡一起,以朗道的连续相变"对称性破缺理论"为基础,导出了著名的金茨堡-朗道方程,成功地计算出了超导体的许多特性[54]。朗道因车祸于 1962 年在病房中被授予诺贝尔物理学奖,金茨堡却是在 41 年后,才被授予了 2003 年的诺贝尔物理学奖。得奖时的金茨堡已是 87 岁高龄。幸亏金茨堡活得够长,得奖后又活了 6 年,直到 93 岁才去世。

对称性破缺理论一直被用来解释相和相变,直到后来发现了量子霍尔效应,电子跳起了用"对称性破缺"难以解释的量子霍尔圆舞曲。

当然,故事还得从经典霍尔效应谈起……

凡是学过物理的人一定都知道大名鼎鼎的麦克斯韦,他建立的电磁理论连爱因斯坦也评价"是牛顿以来,物理学最深刻和最富有成果的工作"。

不过很遗憾,在麦克斯韦生前,他的电磁理论却并未被同行们广泛接受。并且,麦克斯韦48岁就去世了,他最后几年的生活充满烦恼。妻子久病不愈;学说不被人理解;他带病坚持做电磁学讲座,却只有两名听众:一个是美国来的研究生,另一个是后来发明电子管的弗莱明[55]。但无论如何,时间是最好的试金石,麦克斯韦电磁理论的光辉最终还是照遍了全球。

即使是如此伟大的电磁理论奠基人麦克斯韦,也不是无可挑剔的。麦克斯韦在他的《电磁学》卷二中这样写道:"作用在磁场中一个通电导体上的机械力,是作用在导体上,而不是电流上。在导线中流动的电流完全不受附近磁铁的影响……"

当时,美国霍普金斯·罗兰教授的一个博士学生,名叫霍尔的无名小子,对这句话产生了怀疑。因为霍尔的老师罗兰,还有瑞典物理学家埃德隆教授,都明确地认为,在磁铁的作用下导电体会产生移动,是因为有一个力作用在电流上。

霍尔的全名叫埃德温·霍尔(Edwin Hall,1855—1938)。为了验证到底是麦克斯韦的判断正确,还是罗兰和埃德隆的观察正确,他进行了严谨仔细的实验[56]。

上述麦克斯韦和埃德隆等人的分歧,是在于到底有没有力作用在电流上。这里用的是电流而不是电子,是因为当时大家还不知道电子为何物,完全不清楚金属的导电机制是由其中自由电子的移动造成的。汤姆森发现电子还是在大约20年之后的 1897 年的事情。

霍尔在罗兰教授的支持鼓励下,经过了许多次实验的失败和教训,锲而不舍,终于获得了成功。

1879 年 10 月 28 日,刚好在麦克斯韦去世前一星期,霍尔第一次正式确切地观察到之后以他的名字命名的霍尔效应[57]。他发现通过金箔片的电流在磁场里确实受到了磁场的作用,并因而产生了一个方向与电流和磁场都垂直的电压,这个电压之后被称为霍尔电压。

金属的霍尔效应中,磁场、电流及霍尔电压三者方向之间的关系如图 4.3.1(a) 所示。

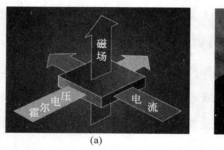

(a)   (b)

图 4.3.1   霍尔效应(a)和霍尔(b)

霍尔电压也经常被人称为横向电压,以区别于沿电流方向的驱动电压。横向电压的大小与磁感应强度 B 和电流强度 I 的大小都成正比,而与金属板的厚度 d 成反比。

根据横向电压和纵向电流 I 之比,我们可以定义一个横向的霍尔电阻 R_h。这个电阻应该与磁感应强度 B 成正比,即 R_h 与 B 的关系是一条倾斜上升的直线。

在电子发现之前,很难真正理解经典霍尔效应产生的本质。但在电子发现以后,随着对金属及半导体材料导电机制研究的不断深入,人们对霍尔效应的理解也不断加深。在麦克斯韦电磁理论的框架下,就完全可以解释经典霍尔效应。实际上,霍尔电压的产生是因为在磁场中运动的电荷会受到洛伦兹力的缘故。洛伦兹力使得金属中运动的自由电子产生一个额外的横向运动,在与原来电流垂直的方向堆积起来,形成一个横向电压。这个电压阻止电荷的继续堆积,最后将与洛伦兹力平衡。

电子的发现使我们能够解释霍尔现象,反过来,霍尔效应为材料中导电载流子的研究也提供了一个很有效的途径。比如,如何判定金属导电时是其中的电子(负电荷)在移动,而不是带正电荷的质子移动呢? 正是霍尔效应帮助我们证实了这点。更进一步来说,我们可以借助霍尔效应研究半导体中的载流子,确定掺杂后的半导体材料中的载流子类型,到底是空穴还是电子? 也可以进一步测量载流子的浓度。

假设在某种半导体材料中,电流为 x 方向,磁场施加在 z 方向,那么霍尔电势会是什么方向呢? 答案取决于材料中的多数载流子是哪一种类型。是正电荷还是负电荷? 让我们分别讨论这两种情况。如图 4.3.2 所示,如果 x 方向(图中向右)的电流是由电子运动引起的,带负电荷的电子则是往左运动,这时作用在电子上的洛伦兹力是在 $-y$ 的方向。另一种情形,如果电流是由带正电的空穴的运动引起的,空穴运动方向与电流一致,即往右运动,这时作用在空穴上的洛伦兹力也是在 $-y$ 的方向。也就是说,无论导电机制是空穴还是电子,洛伦兹力的方向都是一样的。因为电子和空穴,它们所带电荷符号相反,运动方向也相反,两个相反互相抵消,造成了最后横向运动的方向相同(图 4.3.2 中红色箭头所示的方向,扫二维码看彩图)。

彩图 4.3.2

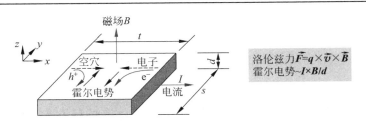

图 4.3.2　半导体中的霍尔效应

不过,横向运动方向相同,并不等于霍尔电压方向相同。而恰恰因为载流子所带电荷的符号不同,使得这两种导电机制将形成极性相反的霍尔电压。正因为如此,我们才能够根据实验中霍尔电压的极性,来确定材料中载流子的类型。

利用洛伦兹力来解释霍尔效应,可以推导出霍尔电阻正比于磁场,反比于导体中的载流子密度。因此,经典霍尔效应除可以用于研究材料中的载流子种类之外,还可以测量载流子浓度、制成磁传感器等。此类霍尔器件被用以检测磁场及其变化,已经在各种与磁场有关的工业场合中得到大量应用。

霍尔在非铁磁性材料中发现常规霍尔效应后,又于1880年在铁磁性金属材料中发现了反常霍尔效应。所谓“反常”是指当没有外磁场存在时,通电流的铁磁体内也会产生一个横向电压。这个现象令人迷惑,因为金属中霍尔电压的产生被解释为电子受到的洛伦兹力,既然没有外磁场就没有洛伦兹力,也就无法用洛伦兹力的概念来解释反常霍尔效应。所以,反常霍尔效应至今尚未有一个统一的理论解释。一般认为,它与正常霍尔效应在本质上是完全不同的,不能仅仅用经典电磁理论来解释,而需要结合量子理论中自旋和轨道相互作用等概念。

迄今为止,距离霍尔效应的发现已经有140多年。其间对各种霍尔效应的研究一直连续不断。特别是在20世纪80年代发现量子霍尔效应之后,更多霍尔效应的家族成员相继被发现,成为凝聚态物理中的一大热门课题。

2013年4月9日,由清华大学薛其坤院士领导的团队(包括清华大学、中国科学院、美国斯坦福大学的物理研究人员)宣布,他们从实验中观测到了量子反常霍尔效应。他们的论文已于当年3月15日发表在国际权威学术杂志《科学》(Science)上。这个发现,为霍尔效应大家族成员的不断到来画上了一个句号。

中国科学家们的最新发现,得到国际学术界的高度评价和关注,正如美国新泽西州立大学物理与天文系教授吴圣石(Seongshik Oh)在当年4月12日出版的《科学》杂志的文章中所指出的:“这个结果证实了期待已久的量子反常霍尔效应的存在,这是量子霍尔家族的最后一位成员。……使人们终于能够完整地演奏量子霍尔效应的三重奏”[58](图4.3.3)。

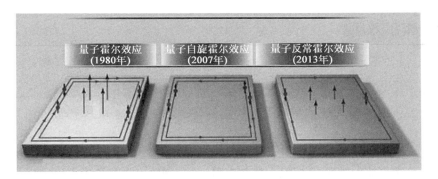

图 4.3.3　霍尔效应大家族的三重奏[58]

4.4

量子霍尔效应

4.3 节介绍的经典霍尔效应,霍尔电阻 ρ_{xy} 与磁感应强度 B 成正比,即 ρ_{xy} 与 B 的关系是一条倾斜上升的直线,而一般的纵向电阻 ρ_{xx} 呢,应该是一条与磁场没有什么关系的水平线,见图 4.4.1(b)。

彩图 4.4.1

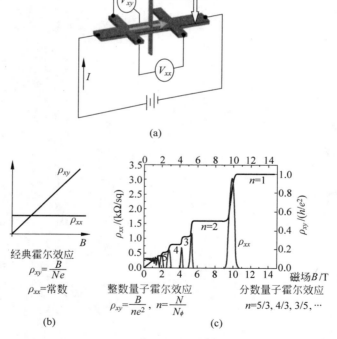

图 4.4.1 经典霍尔效应和量子霍尔效应

(a) 霍尔效应实验;(b) 经典霍尔效应;(c) 量子霍尔效应

　　但是,在 20 世纪 70 年代末,德国物理学家克劳斯·冯·克利青(Klausvon Von Klitzing,1943—)在实验室中观察到的现象却与经典霍尔效应大相径庭[59]。

　　当然,冯·克利青并不是重复霍尔当年的金箔实验,他使用的样品是一种在集成电路中广泛使用的场效应管 MOSFET。准确地说,是 MOSFET 中形成的二维电子气。什么叫二维电子气呢? 它实际上看起来并不太像"气",而和金箔有些类似的地方是,它也算是一个二维薄片。自从有了 MBE 分子外延技术之后,科学家及电子工程师们钟情三明治结构,也特别感兴趣研究只包含少数几层原子的二维系统。二维电子气就是在 MOSFET 或类似的异质结中加以垂直电场时形成的反转层[图 4.4.1(a),样品中间的红色薄层,扫二维码看彩图]。在这个一般只有几纳米厚的薄层中,电子在与薄片垂直的 Z 方向被完全束缚住,却可以在薄片中二维(X、Y)方向上自由移动,这大概就是将它称为二维电子气的原因。这种结构在深低温及强磁场之下表现出许多奇特的量子行为,量子霍尔效应便是其中之一。

　　"深低温及强磁场",这是冯·克利青的实验与一般霍尔现象产生条件的另一个不同之处。霍尔效应当初是在常温下,磁场为一个特斯拉左右被观测到的,冯·克利青的量子霍尔效应却是在热力学温度 1.5K(−271.65℃),磁场高达 19.8T 时得到的。

　　让我们将图 4.4.1(c)中的量子霍尔效应与图 4.4.1(b)经典情况比较一下,看看它有些什么特别之处。首先看看霍尔电阻 ρ_{xy} 随磁场 B 变化的曲线(红线)。刚才说过,在经典情况下,磁场 B 增大时,ρ_{xy} 沿斜线上升;而在量子情况下,霍尔电阻也随磁场 B 的增大而上升,只是上升得不均匀,呈爬楼梯式的上升,霍尔电阻曲线表现为一个一个的平台。换言之,当磁场连续增大时,霍尔电阻 ρ_{xy} 的变化却不是连续的。它增加到某一个数值后便停住不动,只有当磁场一直继续增大到另外某个数值时,红线才又突然跳到另一个平台上,表明霍尔电阻到达一个新的数值。如此一直下去,平台越来越宽,跳跃得越来越高……

　　再看图 4.4.1 那条绿色曲线,就感觉更奇怪了。如果把霍尔电阻叫作横向电阻,绿色曲线便是纵向电阻 ρ_{xx},也就是那种在通常意义上定义为电压电流之比值的电阻。在绿色曲线所示的经典情形，纵向电阻平行于 B 轴，即它有一个固定的数值，并不随磁场变化，这点与我们的常识一致，电阻应该与磁场无关。而在量子情形则大不一样了：当红线出现平台的时候，这个电阻值变成了 0。电阻为 0 不就是意味着电流能够无阻碍地通过导体了吗？

霍尔电阻是跳跃式的变化，从一个值跳到另一个值，这正是物理学家们经常提到的量子特征，也只有运用量子理论才能解释它，所以人们便理所当然地把此现象称为量子霍尔效应。无论如何，量子霍尔效应的重要性毋庸置疑，发现者冯·克利青也因为"于 1980 年 2 月 5 日在格勒诺布尔高强度磁场实验室发现量子霍尔效应"[60]而获得了 1985 年的诺贝尔物理学奖。

"哇，一天就做出了诺贝尔奖级别的工作！"有人感叹着。可实际情况却并非如此，人们往往被诺贝尔奖的辉煌照花了眼，而难以看见光环下面科学家当年的困惑和艰辛。

冯·克利青并不是偶然观察到量子霍尔现象的。在 1975 年，日本东京大学的年轻物理学家安藤恒也和他的老师植村泰忠等，在近似计算的基础上预测了这种现象[61]。但不知为什么，可能是比较保守吧，连他们自己也不敢相信这会是真实的。之后，从 1978 年开始，研究 MOSFET 的其他团队，以及冯·克利青的硕士生爱伯特都曾经多次在实验中观察到霍尔电阻的平台现象，但不是十分理解，也没有引起足够的重视。冯·克利青曾说过："我们不停地改变实验条件，提高样品质量，更换器件，那些每天重复的平凡的测量使我们感到乏味。"他们甚至一度认为，曲线中那些不寻常的地方，"可能是因为材料中的缺陷严重地影响了霍尔效应的结果"[62]。

那些测量曲线的形状无时无刻不在冯·克利青的脑子里盘旋着、晃荡着，日夜纠缠他好几年，见图 4.4.2(b)。

这里需要说明的是，图 4.4.2(b)是冯·克利青实验所测到的电阻(纵向或横向)随 MOSFET 栅极电压的变化图。这个图的坐标横轴与图 4.4.1(c)中的不一样。图 4.4.1(c)的实验曲线是假设栅极电压固定，磁场 B 从小变大，而冯·克利青的实验曲线是固定磁场 B 为 0 和 19.8T 时,改变栅极电压进行测量得到的。改变栅极电压等效于改变载流子的浓度 N。这两种测量结果图可以互相转换。

 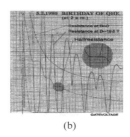

(a)　　　　　　　　　　　　　　(b)

图 4.4.2　冯·克利青与量子霍尔效应[62]
（a）发现量子霍尔效应的冯·克利青；（b）量子霍尔效应诞生那天的数据

图 4.4.2(b) 中共有 3 条实验曲线。从左上方到右下方平滑下降的那条线是磁场强度为 0 时观察到的纵向电阻,它类似于经典情形,随着电压的增加而逐渐减少。另外两条形状特殊的曲线则是磁场强度为 19.8T 时的观察结果:横向的霍尔电阻曲线出现平台,而纵向电阻则上下振荡。

1980 年 2 月 5 日凌晨,冯·克利青一如既往地仍然待在实验室里,望着实验数据的曲线陷入沉思。为什么测量的所有样品都表现那种平台特征呢？也许不是因为材料的缺陷,而是反映了某种新的内在规律？这会不会是一个普适的现象呢？几个与以往不同的想法突然在冯·克利青的脑海中闪现。他拿出笔记本,继续 2 月 4 日的笔记,对照实验数据做了一点简单的计算。望着自己对几个平台高度测量的结果,冯·克利青似乎发现了一点名堂:实验结果中霍尔电阻最高那个平台的高度几乎是固定的:总是在 25 163Ω 左右。冯·克利青想了想,在笔记本上推导出了一个表达式:h/e^2。这里 h 是普朗克常数,e 是电子的电荷。很好,这个表达式还正好是电阻的量纲！算出它的数值吧,得到了啊！理论值是 25 813Ω！等一等,如果考虑测量仪器有 1MΩ 的并联电阻,就和测到的数值（25 163Ω）相差不多了。计算到这里,一道亮光在冯·克利青脑中一闪,一股欣喜之感在冯·克利青心头油然而生！

那就是说,这些平台应该不是随便出现的!它们不取决于实验所用的材料和条件,而是只由两个基本的物理常数决定:代表量子的 h 和代表电子的 e。冯·克利青再看看自己写在实验日志中的表达式: h/e^2,继续反复思考着:如果用这个表达式的数值作为电阻的单位来表示霍尔电阻平台的高度,会是什么情形呢? 对了,最高那个的高度应该是 1;第二个看起来像是 1/2;第三个可能是 1/3;然后,1/4,1/5,一直用整数继续算下去。冯·克利青如此计算出来的数值竟然与实验结果完全一致。啊,太奇特了!物理学家的心中豁然开朗:原来在这些枯燥无味的数据中,隐藏着如此美妙动人的量子韵律!

于是,在冯·克利青及许多其他研究人员多年的努力和困惑之后,量子霍尔效应终于"偶然"诞生了!

冯·克利青发现的是整数量子霍尔效应,也就是说,霍尔电阻平台的数值是等于 (h/e^2) 除以一个整数 n。每一层平台对应一个整数 n。

1982 年,美国新泽西贝尔实验室的几个科学家,崔琦和史特莫等,在更深的低温(热力学温度 0.1K)及更强的磁场(20T)下,用载流子密度更高的材料(高电子迁移率场效晶体管结构)研究二维电子气,得到比整数量子霍尔效应(integer quantum Hall effect,IQHE)曲线更为精细的台阶,见图 4.4.3。崔琦等人的结果表明,霍尔电阻平台不仅仅在整数 n 的地方出现,也在某些分数处被观察到,故称为分数量子霍尔效应[63]。不论分数还是整数,物理学家们将这两种霍尔效应统称为量子霍尔效应。

分数量子霍尔效应的发现者之一崔琦(Daniel Chee Tsui)1939 年出生于中国河南,后来到香港读书,再赴美国深造,是移居美国的华人。他和 H. L. 史特莫(H. L. Stormer)及建立分数量子霍尔效应理论解释的 R. B. 劳夫林(R. B. Laughlin)三人,一起分享了 1998 年的诺贝尔物理学奖。崔琦被中国媒体誉为"从贫穷乡村走出来的诺贝尔奖得主"。

量子霍尔效应的发现是 20 世纪凝聚态物理学的一项重大成就。因为对它的产生机制的解释,特别是对分数量子霍尔效应的解释,带给了物理学许多崭新的概念,大大促进了凝聚态物理研究的发展。

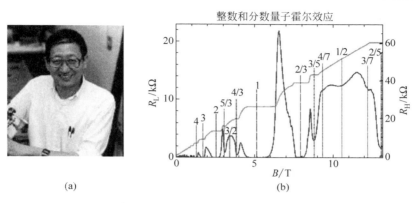

(a)　　　　　　　　　　　　(b)

图 4.4.3　华裔科学家崔琦(a)与整数和分数量子霍尔效应(b)

为了更好地理解量子霍尔效应,我们首先重温一下高中物理中学过的电子在磁场中的经典运动情形。

一个在均匀磁场中运动的经典二维电子,其所受到的磁力(洛伦兹力)遵从右手规则,应该处处与其运动方向垂直[图 4.4.4(a)]。由于磁力不对电子做功,所以电子的速率将保持不变但运动方向则不断改变,这意味着电子将保持圆周运动,圆周半径与它的初始动量有关。但有趣的是,如果我们不详细考虑电子在圆周上的线速度,而只用其旋转的角频率 ω_c 来表征它的运动,就可以暂时隐藏起这个讨厌的初始动量,因为角频率只是一个与电子的荷质比及磁场大小有关的量。也就是说,磁场中的经典电子跳着一种频率随着磁感应强度 B 增加而增加的经典圆周舞蹈,如图 4.4.4(b)所示。

如果在电子运动的二维平面上同时还存在着电场,电子便会在跳圆周舞的同时,又在电场库仑力的作用下,在二维平面上移动。这也就是解释经典霍尔效应的理论基础。

从 4.3 节的叙述可知,量子霍尔效应的特点就是霍尔电阻图上一个一个的平台。平台表示不连续,即霍尔电阻是一份一份地跳跃增加的。是上楼梯,不是爬斜坡。这种"不连续""一份一份"便是物理学中量子的基本特征。因此,量子霍尔效应的解释需要用到量子力学。特别是 IQHE,可以用我们用过多次的能带理论、费米能级等概念来粗略地说明。

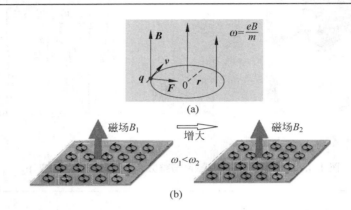

图 4.4.4 经典运动电子的圆周舞,其频率 ω_c 随磁场的增大而增大

(a) 电子所受磁力为向心力;(b) 二维经典电子的圆周角速度随 B 增大而增大

那么,从量子的观点来看,电子的圆周舞会有哪些不同之处呢?

首先,尽管在一定磁场下经典电子圆周舞的角频率 ω_c 是固定的,但是它们的能量却可以随圆周半径而连续改变。这儿再次提醒大家注意:量子理论中,不讨论电子运动的半径和轨道,一般讨论它们可能具有的能量值。尽管对应某个磁场 B 的数值,也决定了一个角频率 ω_c,但是就像玻尔原子模型中的电子轨道不能任意连续取值一样,跳着量子圆周舞的电子的能量是不能连续变化的,其变化间隔只能是其角频率 ω_c 的整数倍。

这个结果早已被朗道得到。在朗道和栗弗席兹所编写的《量子力学教程》中[64],朗道给出了均匀磁场中二维电子体系的量子力学(薛定谔方程)解。朗道证明,如果磁场垂直于二维平面,可以使用朗道规范将问题简化为类似于一维谐振子的情况而得到电子能量的本征值。这些分离的能量的本征值称为朗道能级。见图 4.4.5(a),其中分离的红色及淡蓝色短线表示的便是朗道能级(扫二维码看彩图)。

这些朗道能级是什么意思呢？

我们知道，量子化的最重要特征就是一份一份的，正如爱因斯坦 1905 年发现光电效应时提出的观点：光是由一个一个能量为 $h\alpha$ 的量子组成的。其中的 h 叫作普朗克常数，凡是微观世界的量子现象都与它有关，朗道能级也是如此，朗道能级表示的是磁场中的电子可能具有的能量值。能量最小的基态是 $0.5h\omega_c$，能级之间的距离是 $h\omega_c$。这儿的 ω_c 便正是上面所述经典电子运动时的圆周角频率。

这样一说，大家就明白了：哦，原来朗道能级就是磁场中经典电子圆周运动各种模式的量子对应物。但经典电子圆周运动模式（能量）可以连续变化，而量子电子不行，圆周舞的模式已经规定好了，电子只能按照一些分离的朗道能级模式来跳它的量子圆周舞！

角频率 ω_c 正比于磁场，所以朗道能级的基态值和间隔也都正比于磁场。这从图 4.4.5(a) 可以看出来：当 B 增加时，能级的间隔随之增大。

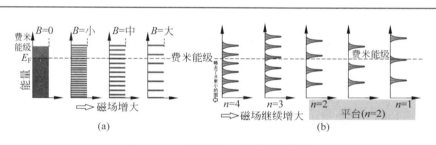

彩图 4.4.5

图 4.4.5　朗道能级和安德森局域化

（a）理想情形的朗道能级；（b）考虑杂质时的朗道子能带

舞蹈模式从连续变成了分离，这是电子的量子圆周舞与经典圆周舞的第一个差别。

第二个差别则来自电子的量子固有本性：它们是些特立独行、只能独居的费米子！

电子跳量子圆周舞时，不仅遵循量子理论为它安排的朗道分离能级模式，自己也特别讲究，还要遵循泡利不相容原理，总是保持跳着不同的舞步，以保持它们那种"不与他人同居，独占一间住房状态"的费米子习惯。用 2.2 节介绍过的能带论来描述，就是每个电子只在自己占据的一定的能级上跳舞。

每个电子都各自在跳着舞，但却并不总是对电流有贡献，只有费米能级附近的电子才对电流输运作出贡献。

费米能级是研究电子在物质中输运性质的有力工具。从费米能级的不同位置可以区分导体、绝缘体、半金属、半导体等。对于磁场中的二维电子系统，只要维持 MOSFET 的栅极电压不变，磁场的变化并不影响载流子（电子）的密度。为了简单而方便地解释量子霍尔效应，我们可以粗略地假设费米能级也是不随磁场而变化的。因此，在图 4.4.5 中，我们用左右贯穿的一条虚线表示系统的费米能级。

虚线以下的能级，表示已经被电子填充（红），虚线以上的能级，则为尚未填充电子的空能级（蓝）。从图 4.4.5（a）可见，磁场为 0 时，电子能量是连续的（红色连续区域，扫二维码看彩图）；磁场存在时，连续区变成分离的能级，而因为总的电子数目并未减少，朗道能级一定是简并的。简并的意思就是说，同一个能量对应于多个量子态。当磁场增加时，朗道能级数目减少，每个朗道能级的简并度也将随之增加，以保持相同的总电子数。

要解释量子霍尔电阻的曲线中为什么会出现平台，还需要简单介绍一下另一位凝聚态物理大师的工作——安德森的局域化理论[65]。

菲利普·安德森（Philip Anderson，1923—2020）是美国物理学家。局域态、扩展态的概念和理论，是他在 20 世纪 50 年代新泽西的贝尔实验室工作时首先提出来的，为此他和范·弗莱克（Van Vleck）、内维尔·莫特（Neville Mott）分享了 1977 年的诺贝尔物理学奖。

什么叫局域态和扩展态呢？其实这两个概念我们早已使用，不过没有为其正名而已。比如，在周期格点排列的晶体中，电子的运动是公有化的，其波函数可自由扩展到整个晶体，这种态称为扩展态。反之，电子如果不是公有化的自由电子，而是只在局部区域里转悠，则称为电子的局域态。

安德森的理论说，如果晶格中存在随机的无序杂质，周期性就会被破坏，使得电子无法自由地在整个晶体中运动,而是在杂质周围打转,就像被束缚在原子周围的情形一样,成为了局域态。在金属或半导体中,只有扩展态的电子才能形成电流,处于局域态的电子对电流没有贡献。

将此理论应用于二维电子气,会是什么情形呢?二维电子气系统中总是有一些无序杂质存在的,所以电子便会被局域化。电子局域化对能级的影响则是减小能级的简并度,将能级扩展成能带。于是,在原来线状、狭窄的每条朗道能级两边,便产生了一个边沿分布,如图 4.4.5(b)中的灰色阴影部分所示,称为朗道子能带。

安德森等人在 1978 年的工作中还发现,无磁场的二维体系中,只要有任意小的无序杂质存在,最后将会使所有的电子局域化。由此而得出一个结论:无磁场的二维体系,一定是不能导电的绝缘体。

但是,冯·克利青等人发现的量子霍尔效应,却显示二维体系仍然具有导电性,那又该如何解释呢?理所当然地推理便能猜想:一定是磁场起了作用!更多的研究也发现,二维电子体系有磁场时和无磁场时情况不一样,不再是只有局域态,而是局域态和扩展态共存。

再回到图 4.4.5(b),物理学家们认为,能导电的电子扩展态,聚集在理想的朗道能级周围,而用灰色表示的尾部则都是不能导电的局域态。

即使有了扩展态的能级,也不是总能导电的。物体的导电性能取决于费米能级在能带中的位置,或者说,是取决于费米能级附近有没有被电子占据了的扩展态。在图 4.4.5(b)中我们看到,虽然代表费米能级的虚线是一条数值固定的水平线,但因为朗道能级的图像是随着磁场变化的,所以费米能级与朗道子能带的相对位置便也随着磁场而变化。

现在,我们便能试图解释一下整数量子霍尔效应了。

如上所述,只有当费米能级移动到朗道子能带中间的扩展态附近时,二维系统才具有导电行为,而这种情况只发生在磁场变化的一段短暂时期。磁场变化的大多数时间内,费米能级碰到的都是灰色表示的局域态区间[图 4.4.6(b)]。

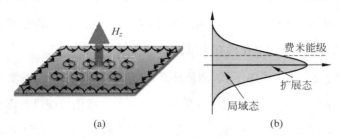

图 4.4.6　边沿电流的形成与局域态和扩展态
（a）边沿电流的形成；（b）局域态和扩展态

将这种区分与图 4.4.1(c) 中量子霍尔效应的曲线对照一下便能看出，二维系统导电性能改变的区间对应于霍尔电阻的突然变化。在那段区间中，霍尔电阻从一个平台值很快地跳到另一个平台值，而纵向电阻也激烈地上升和下降。反之，在霍尔电阻曲线中的平坦区域，则对应于费米能级位置处于局域态的时候。因为那时，磁场 B 的变化只不过使得费米能级在局域态中移动，对导电机制没有任何影响，因而霍尔电阻保持不变。

局域态和扩展态共存的模型，只说明了磁场中的二维体系可以导电，但并未说明这个电流是如何形成？在二维平面上是怎样分布的？图 4.4.6(a) 则类比于电子圆周运动的经典图像，说明二维平面电子系统中的电流是由边沿电流形成的。

当外磁场足够强时，位于平面中间的电子，大多数做圆周运动而处于局域态，只有边界上的电子，它们不能形成完整的圆周，却能绕过杂质和缺陷，最终朝一个方向前进，而形成边界电流。

因此，量子霍尔效应让人们见识了一种"中间是绝缘体，边界可以导电"的全新量子态。

还有一个问题没有说明：IQHE 中电阻平台所对应的那些整数 n 代表什么呢？

首先可以从图 4.4.5(b) 来理解这些整数的意义。如果我们从左边往右边看，并且注意一下费米能级之下朗道子能带的数目便不难发现：对应于 n 为 1 的平台，费米能级下面只有一个朗道子能带；对应于 n 为 2 的平台，费米能级下面有两个朗道子能带……推论下去,对应于 n 为 j 的平台,费米能级下面应该有 j 个朗道子能带。换言之,电阻平台上所表示的整数,等于被电子完全填充了的朗道子能带的数目,或称填充因子(filling factor)。

附带提一句:实验中得到的霍尔电阻平台的数值十分精确。从冯·克利青第一次得到的原始数据,平台精确度就达到 10^{-5},而后来更超过了 10^{-8}。因此,从 1990 年 1 月 1 日起,国际计量委员会在世界范围内启用量子化霍尔电阻标准代替原来的电阻实物标准[65]。

至此,我们可能已经比较满意于对整数量子霍尔效应的简单定性解释,但专家们却不是这样想。他们认真考察、反复推敲,还用各种数学物理模型进行理论推导,看出了许多不尽如人意之处。比如说,刚才提及的霍尔电阻平台高度异常平整的事实,就很难从理论上完全解释清楚。

后来,美国物理学家劳夫林利用规范理论,对 IQHE 给出了一个比较合理的理论解释[66]。

在 1982 年,崔琦和史特莫等人发现了分数量子霍尔效应(fractional quantum Hall effect,FQHE)[67],尽管也是霍尔电阻出现平台的现象,但是使用解释 IQHE 的理论却难以理解分数量子霍尔效应。

也正是刚才提到的那位劳夫林,在 1983 年给出了劳夫林多体基态波函数,解释了分数量子霍尔效应[68]。

对 IQHE 的解释以及本书中经常使用的能带论,基本上都是基于固体理论中的单电子近似。在这个模型中,电子在晶格原子的周期势场及其他电子的平均势场中运动。换言之,单电子近似将异常复杂的多体问题近似成一个电子的问题来研究,未曾考虑电子和电子之间的相互作用。这种情形下,电子只是跳着"独舞",无论它们的舞步多么复杂,舞台多么华丽,灯光多么灿烂,每个电子只是单独跳自己的,互不相干。

但是,分数量子霍尔效应是在更低温度、更强磁场下得到的,是一种低维电子系统的强关联效应。在这种条件下,电子相互之间的关联不但不可忽略,而且恰恰相反,此种关联对 FQHE 中分数平台现象的出现起着决定性作用。这就好比是所有电子一起跳集体舞,每个电子除了自己的独舞,还和别的每一个电子跳。因而,舞步的模式就会复杂许多。

劳夫林认为,在低温强磁场下,电子之间的库仑作用将形成一种不可压缩的量子流体(incompressible quantum fluid)。这种新颖的量子态,涉及诸多丰富、深奥的,对电子系统来说前所未有的物理内容,诸如分数电荷、复合费米子、复合玻色子、任意子等,这些涉及量子多体理论的内容已超出了本书的范围,并且这些全新的概念也带来许多尚待研究的新课题。因此,我们不对 FQHE 的劳夫林理论做更详细的叙述,只在下文中对电阻平台标记 n 成为了分数这点,给出一个简单的图像。有兴趣者可阅读参考文献[69-70]。

刚才在解释整数量子霍尔效应时说到过,图 4.4.1(c)中 IQHE 电阻平台上标记的整数 n,即填充因子,是等于被电子完全填充了的朗道子能带的数目。除此之外,我们还可以用另外好几种方式来理解 n。比如,n 可以等于二维电子系统中的电子数 N 与磁通量子数 N_ϕ 的比值。

量子霍尔效应研究的是二维系统中电子在均匀磁场中的运动。量子化的电子运动遵循量子力学中的薛定谔方程,从而得到了朗道能级。而对均匀磁场呢,我们也需要做些量子化的考虑。磁场在系统中产生了磁通量。当磁场与电子相互作用时,这个磁通量也应该被量子化。换言之,总磁通量可以被分成一个一个的磁通量子,每一个磁通量子的磁通量等于 h/e^2。尽管磁场强度看起来是连续变化的,但对每个电子来说,只有当影响它运动的磁通量成为磁通量子的整数倍的时候,电子的波函数才能形成稳定的驻波量子态。

因为二维系统的面积是有限的,总的电子数 N 以及磁通量子数 N_ϕ 也都是有限的,所以它们的比值,便对应于整数量子霍尔效应中的那个整数 n。

可以通俗地用冰糖葫芦的图像[70]来比喻量子霍尔效应中电子与磁通量子数目的分配关系。

如图 4.4.7(a)所示,将一个电子表示成一个山楂(图中的圆饼),穿过电子的磁通量子用一根竹签表示(图中的箭头)。从图 4.4.7(b)中可见,IQHE 中每个磁通量子所穿过的电子数,便等于整数量子霍尔效应中的整数 n。

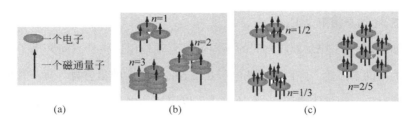

图 4.4.7　用电子和磁通量子表示量子霍尔效应

(a)符号;(b)整数量子霍尔效应;(c)分数量子霍尔效应

当 n 为 1 的时候,只有 1 个被填满的朗道子能带,这也是 1 个磁通量子穿过 1 个电子的情形。当 n 为 2 时,有 2 个朗道子能带被填满,因此 1 个磁通量子穿过 2 个电子。然后,可以以此类推下去。

现在来看分数量子霍尔效应的情况。霍尔效应中的分数平台是在总电子数目不变,磁场增大的情况下被首次观察到的。经过了 n 为 1 的平台之后,如果还继续增大磁场,磁通量子数也将增加,竹签太多,山楂不够,即磁通量子数太多,电子数目不够分配,因而出现几个磁通量子共用 1 个电子的情形,如图 4.4.7(c)所示。如果 2 个磁通量子共同穿过 1 个电子,在 IQHE 中对应的整数 n 便成为了分数:$n=1/2$;如果 3 个磁通量子穿过 1 个电子,则 $n=1/3$。还有更为复杂一些的情形,比如,如果是 5 个磁通量子穿过 2 个电子,则 $n=2/5$。

由此可见,量子霍尔效应中的这个填充因子 n 的确有点来头。它至少将量子霍尔效应分成了两大类:IQHE 和 FQHE。刚才说过,FQHE 对应于一种不可压缩的量子流体新物态。所以也可以说,填充因子 n 可以用作物态(相)的分类标签:n 为整数时,对应整数量子霍尔态;n 为分数时,对应量子流体分数霍尔态。

填充因子 n 的作用还不仅如此,进一步的理论探讨表明:每一个不同的 n 都代表一种不同的量子态。

发现并深入研究量子霍尔效应后，物理学家们认识到：不同的 n 值代表的不同量子态，无论是分数还是整数，在对称性上都没有差别，因此不能由朗道的对称性破缺理论来归类和解释，而需要由系统波函数内在的拓扑性质来描述，有关拓扑的简单概念，请参阅附录 E。

例如，分数量子霍尔效应之间的不同可以直观地用这些基态简并电子集体运动模式的不同来描述。好比是这些电子在跳着各种复杂的集体舞。每一种分数量子霍尔态对应一种集体舞模式，每种模式可以用拓扑中的亏格数（参阅附录 E）来表征，见图 4.4.8。

图 4.4.8　分数量子霍尔态对应的拓扑

有两位华裔物理学家，对凝聚态物理 20 多年的发展作出了杰出贡献，他们就是大家熟知的斯坦福大学教授张守晟和麻省理工学院的文小刚。巧得很，这两位学者都是从高能物理开始，后来转而研究凝聚态的。文小刚继劳夫林解释分数量子霍尔效应之后，建立了分数量子霍尔效应的拓扑序理论和边缘态理论[71]。之后又进一步把他在粒子物理学中熟知的弦论嫁接到凝聚态，提出弦网凝聚理论，不仅揭示了拓扑序和量子序的本质，而且又转而返回到最基础的物质本源问题，构造出了一个光和电子的统一理论。我们对此不再多言，有兴趣者可参见文小刚本人就弦网凝聚理论所写的一篇精彩科普文章[72]。

关于文小刚对凝聚态理论的研究，有兴趣的读者可阅读更多的参考文献[73-75]。

　　1982 年,美国华盛顿大学物理学家 D. J. 索利斯(D. J. Thouless)等人为了直接表征量子化霍尔电导的填充因子 n,引入一个称为 TKNN 的拓扑数,并由此对电子波函数的拓扑性质进行分类[76]。这是第一次将数学上的拓扑概念应用于与"相"有关的凝聚态理论中。

　　拓扑概念如何与量子态关联起来呢? 这还得从近几年物理中的一个新进展,被称为贝里相位的概念说起。贝里相位又与 AB 效应密切相关。

　　所以,首先简略介绍一下什么是 AB 效应。

　　量子力学中有一个著名的杨氏双缝电子干涉实验[77]。在杨氏双缝实验中,电子通过两条狭缝后,在荧光屏上出现干涉条纹,从而证实了电子的波动性。如今我们不详谈这个实验本身,而是将它借来解释 AB 效应。

　　如图 4.5.1(a)所示,电子波同时穿过两个狭缝后,从 A 点发出的子波和从 B 点发出的子波,假设它们到达屏幕上的 C 点时互相干涉而加强,便会在 C 点形成一个亮点。整个波的总效应则是在屏幕上出现明暗相间的条纹。然后,我们设想,如果将实验稍微改变一下,成为如图 4.5.1(b)所示:在两个狭缝间靠近狭缝处,插入一个非常细无限长的通电螺线管。这时候,实验结果会发生变化吗?

　　首先我们从经典电磁场理论的观点来分析这个问题。在理想情况下,因为通电螺线管是无限长的,图 4.5.1 中所示方向的电流将会在线圈之内产生一个自下而上的磁场。但是,紧密缠绕的螺线管将磁场完全包在了它的内部,线圈之外的磁场将处处为 0。电子不会进到线圈以内,所以,经典理论认为,电子应该感知不到磁

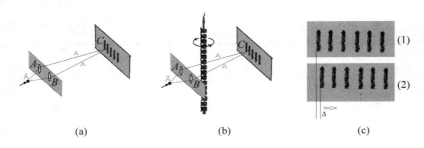

（a）　　　　　　　　　（b）　　　　　　　　　（c）

图 4.5.1　磁 AB 效应

（a）电子双缝干涉；（b）AB 效应；（c）干涉条纹移动 Δ

场的存在。当然，实际上，如果将电子看作不具有波动性的经典粒子，屏幕上不会出现明暗相间的干涉条纹，而只是符合经典概率的分布图像而已[77]。总而言之，根据经典电磁理论，放（或不放）这个通电螺线管，对电子的实验结果不会产生任何影响。

不过，如果用量子理论来计算，则会预期得到一个不同的结果，这便是 1959 年英国两位理论物理学家阿哈罗诺夫（Aharonov）和玻姆（Bohm）所做的工作[78]。他们认为，通电螺线管的存在会使原来的干涉条纹产生移动，像图 4.5.1(c)所显示的那样。如果通过螺线管的电流反向，干涉图像移动的方向也会反向。

在阿哈罗诺夫和玻姆的文章中，他们不仅进行了理论计算，还详细设计了验证的实验。之后的近 30 年内，有许多人进行了与此相关的实验，得到他们预期的结果。但是，物理学家们却总是对此理论及实验结果争论不休，直到 1986 年，日立公司的科学家殿村（Tonomura）等的实验[79]才终于得到了学术界的最后认可。至今，又过去了 30 多年，AB 效应已被物理学界完全肯定，并写入了教科书，成为量子力学教材中不可缺少的基本概念。

阿哈罗诺夫-玻姆效应之所以引起重视，是因为它证明了在量子理论中电磁势（包括矢量 A 及标量势 ρ）的重要性，以及与其相关的电子波函数的相位的重要性。有关电磁势，请参阅附录 D。

经典的麦克斯韦方程是定域性质的微分方程。这种定域的描述方式是很容易得到公认的，如此描述的物质间的相互作用是由场传递的接触作用。它克服了超距作用的困难,将带电粒子运动状况的变化归结为每一点的场对它逐点作用的结果。麦克斯韦方程表示电磁场有两种形式:可以用场强(电场 E、磁场 B)来描述,也可以用电磁势(三维矢量 A、标量势 ρ)来表示。但是,经典电磁理论认为,只有第一种方式使用的,空间中每一点的电磁场的强度,以及它使得运动电子经过该点时所受到的电磁力才是基本的,才具有可观察的物理意义。而第二种方法中的电磁势(A、ρ)不过是为了计算方便而引入的数学概念,并不代表物理实质。以规范变换为例便能说明这一点:电场和磁场是规范不变的,而电磁势在不同的规范下则取不同的值,这是经典理论认为电磁势不是物理可观察量的理由。

什么样的量在物理学中是基本的,代表物理实质呢? 举个简单例子让你更深入地理解这点。

几万伏特的高压电线是很可怕的,但是停在上面的鸟儿却仍然活蹦乱跳,丝毫感受不到危险,大家都知道这是为什么。那是因为我们是站在地面上,高压线的电压相对于地面的数值很高。尽管如此,但在鸟儿能接触到的局部小空间范围内,这个值却没有什么物理意义。鸟儿能感受到的对它能表现物理效应的只是它两只脚两点间的电压差,而不是该点电压对地的绝对数值。

因此,对鸟儿来说,完全可以做一个电压的平移变换($V \rightarrow V'$),将电线上某点的电压值设为 0。这样来研究问题,计算要简单些。因为有物理意义的电压差($V_1 - V_2$)是在平移变换中保持不变的,所以鸟儿感受到的物理效应在变换下将没有任何区别。电磁理论中的规范变换与此有些类似,只不过需要将电场与磁场统一考虑。换言之,需要将矢量势和标量势一块儿变换。用(A、ρ)或者用另一组规范变换后的(A'、ρ'),都表示同样的电磁场(B、E)。规范变换当然比鸟儿问题要复杂许多,但同样也能起到简化计算,保持物理基本量不变的效果,见附录 D。

再回到实验中电子运动的问题。从经典电磁理论看,既然只有场强 E 和场强 B 才有物理效应,而在电子运动的路径上,线圈外所有点的电磁场场强(E 和 B)都为 0,线圈对电子的运动当然不会有影响。

那么,AB 效应又该如何解释呢?

从量子力学的观点看，电子具有波粒二象性，它的运动用波函数来描述，这是量子理论与经典理论的根本区别。任何波动，除了振幅，还有相位。图 4.5.1(a) 中屏幕上的干涉条纹，也就是由从 A 和 B 经过两条路径的电子波之间的相位差产生出来的。

现在，放了通电线圈之后，实验中观察到干涉图像产生了移动。那说明 A 路径和 B 路径之间的相位差发生了变化。没错，如果我们用量子力学的理论，分别在没线圈和有线圈的时候进行计算，的确发现通电线圈的存在，在两条路径中引入了一个额外的相位因子。就像图 4.5.2(a) 和 (b) 的情况，相差了一个相位因子 ϕ。

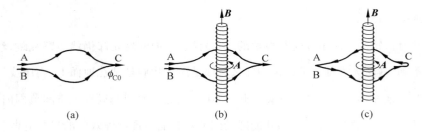

图 4.5.2　磁 AB 效应中通电线圈引起的相位因子 ϕ

(a) $\phi_{C0}=$ 路径 A 相位－路径 B 相位；(b) 线圈引起相位差改变 $\phi_C=\phi_{C0}+\phi$；

(c) 相位 $\phi=$ B→C＋C→A (矢量势的环路积分)

你可能会说："这不就解释了 AB 效应吗？条纹移动是由 ϕ 产生的！"而正是这个 ϕ 困惑着物理学家们，并为此争论许多年。为什么呢？因为算出来的这个相位因子，与电子经过路径上的电磁场强度无关，而是与他们原来认为不是物理实质的电磁势 ($\boldsymbol{A}$、ρ) 有关的。实际上，它就等于矢量势 $\boldsymbol{A}$，沿着路径 B 到 C，然后再从 C 返回 B，绕线圈转一圈的环路积分。(在这儿，我们将靠得很近的 A 和 B 算作了同一个点 B。)

那么，如果认可 AB 效应的实验结果，原来对电磁势的看法就要重新考虑。电磁势可能在某种意义上也代表了物理实质哦！换言之，仅仅用场强来描述电磁现象似乎还不够，得把电磁势加上去。但是，这儿又有问题了。刚才说了，电磁势不是根据规范的选取而变化的吗？选取不同的规范,可以使某些点的矢量势变成 0,这样我们才能使运算简化。那么,到底是该用$(A、\rho)$,还是$(A'、\rho')$呢？一个连数值都不能确定的量,又该如何谈到它的实在的物理意义呢？

想来想去、争来争去,真理总是越辩越明朗。尽管规范变换的确会使得某些点的矢量势变为 0,但事实上,只要线圈中有电流,即使线圈外每点的场强都是 0,却绝不可能使所有点的矢量势都变成 0。此外,虽然每一点的矢量势是规范变化的,但仍然可能存在一个与局部点的电场磁场无关,而只与路径上电磁势有关的某个东西是规范不变的。对啦,很可能就是那个矢量势的环路积分,也就是那个相位因子 ϕ,它应该是规范不变的。

因此,AB 效应又使得人们重视起相位这个东西。

接着,在 1984 年,物理学家们尚未完全认可 AB 效应之时,英国布里斯托尔大学跳出来一位叫迈克尔·贝里(Michael Berry,1941—　)的数学物理学家。贝里向物理学家们发出警告:一个量子体系随参数缓慢变化再回到原来状态时,可能会带来一个额外的相位因子。贝里认为这个相位因子不是由动力学产生的,而是由(某个)空间的几何性质而产生的,因此称为几何相位[80]。此外,贝里证明了这个相位因子是规范不变的,因而它很有可能具有可观察的不可忽视的物理意义。贝里认为,AB 效应便能用这个几何相位因子来解释。

借用网上一个比喻,贝里的意思是说,在倒掉洗澡水的时候要小心哦,里面可能有小孩!

贝里的洗澡水中有小孩吗?

贝里是在研究量子混沌的时候发现贝里相位的。有人说,贝里并不是发现几何相位的第一人,但无论如何,贝里让人们重新认识到几何相位的重要性,比如,正是在贝里文章的启发下,人们才发现了经典力学中的对应物:Hannay 角[81]。了解和解释几个经典的例子可以使我们更容易理解量子力学中的几何相位。

图 4.5.3 是在平面和球面上分别作平行移动的例子:女孩从点 1 到点 2 再到点 3,一直到点 7,做平行移动一圈后回到点 1(1 和 7 是同一点)。所谓"平行移动"

的意思是说,她在移动的时候,尽可能保持身体(或是她的脸)相对于身体的中心线没有旋转。这样,当她经过1,2,3,…回到1的时候,她认为她应该和原来出发时面对着同样的方向。她的想法是正确的,如果她是在平面上移动[图4.5.3(a)]。但是,假如她是在球面上移动,她将发现她面朝的方向可能不一样了!图4.5.3(b)中红色箭头所指示的便是她在球面上每个位置时面对的方向(扫二维码看彩图)。从图中可见,出发时她的脸朝左,回来时却是脸朝右。这是怎么回事呢?关键是球面与平面不同的几何性质起了决定性的作用[81]。

彩图 4.5.3

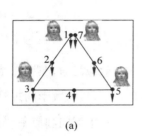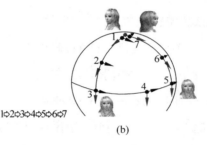

(a)　　　　　　　　　　　　(b)

图 4.5.3　矢量平行移动一圈后的变化

(a) 平面上平行移动一圈；(b) 球面上平行移动一圈

　　所以,从上面的例子得出一个结论:贝尔所说的"洗澡水"中有时有小孩,有时没小孩。在上述的例子中,如果在平面上"洗"(平行移动),洗澡水中没有小孩。但如果是球面上洗,那就要小心了,不要糊里糊涂地把水给倒了,可能有个小孩在水里!

　　在这个例子中,我们说,矢量方向改变的效应是几何的,不是动力的。怎么样改变才算是动力的呢? 比如说,女孩自己将身体旋转,扭来扭去,或者是在移动的过程中,被别的人或物体碰撞而产生了方向变化,或者说女孩是在风中移动,状态随时间而改变积累起来的方向变化等,都应算是动力性质的。除去这些因素,只是因为经过路径所在的空间的几何性质,如前所说的平面或球面而造成的方向改变,就是几何的了。

　　像平面这种几何曲面,还包括可以展开成平面的柱面和锥面等,在经典力学的意义上,则被称为"平庸"的。反之,如像球面或马鞍面之类,不弄破就不可能铺开成平面的那种曲面,则是不平庸的。

刚才是经典比喻,在量子世界中的贝里相位也是这样,有时是 0,可以忽视;有时则不能忽视,比如前文中介绍的 AB 效应,实际上就是一个不可忽略的贝里相位。

什么时候可以忽略,什么时候不能忽略,则取决于路径通过的空间的几何性质。

迈克尔·贝里除因提出几何相位而出名之外,还因为与安德烈·海姆研究"磁悬浮青蛙"而获得 2000 年的搞笑诺贝尔物理学奖(Ig Nobel Prize for Physics)[82]。安德烈·海姆后来因为对石墨烯的开创性实验研究而获得 2010 年诺贝尔物理学奖,贝里也曾得到过沃尔夫物理学奖等多种奖项。由此可见,搞笑诺贝尔奖也不仅仅是一种戏谑调侃,可能更多的是体现了一种幽默,得奖者中也不乏创意之人,比如贝里就应该可以算作一个(图 4.5.4)。

图 4.5.4 迈克尔·贝里和他研究的"磁悬浮青蛙"

回到前文中介绍的 AB 效应。AB 效应中得到的不可积相位因子,根源是来自那个细长的螺线线圈。线圈中的磁通量改变了空间的拓扑性质(有关单连通和多连通,请参阅附录 E)。没有磁场时,空间是平庸的、单连通的普通三维空间。而 AB 效应实验中通电螺线管的存在相当于在电子运动的三维空间中挖了一个洞,使空间变成了非平庸的,也使得电磁矢量势绕着螺线管积分一圈后,出现了一个不可积的相位因子。也就是贝里所说的不可与洗澡水一起倒掉的"小孩"。

再深究下去，物理学家们更感到眼前豁然一亮：那个相位因子 ϕ，并不是与每一点的局域电磁场（或电磁势）有关，而是与电磁势绕环路积分一圈有关，这说明了什么呢？比较微分而言，积分体现的是一种整体性质。那么，这就说明 AB 效应不是一个局部效应，而是电磁势产生的整体效应[83]。

因此，贝里几何相位因子的研究使人们认识到量子系统（乃至经典系统）的整体性质的重要性，这也就是如今它成为了量子理论中一个普遍存在的重要概念的原因。在数学上能描述空间整体性质的理论就是拓扑学。如前所述，利用电磁场空间的连通性质便能解释经典理论难以解释的 AB 效应，那么，也许还有许多奇妙的量子现象，可能都和空间的拓扑性质有关系，或许能用整体拓扑的概念来解释它们。

事实上的确是这样。不过，我们经常说到的"空间"，则远远不是仅限于我们生活的三维空间了。量子理论中"空间"的概念是多样化的，可以是真实的四维时空，也可以是相空间、晶体的倒格子空间、布里渊区，以及所谓系统的内禀空间，包括自旋空间、描述系统哈密顿量的参数空间、波函数的希尔伯特空间等。到底需要考虑哪个空间的几何拓扑性质，必须根据具体问题具体分析[84]。

比如说，在量子理论中，一般用希尔伯特空间来描述量子态。如果考虑一个在真实的三维空间中运动的电子，对应于电子轨迹的每个点，都存在一个与波函数相应的无穷维的希尔伯特空间。由此我们可以建立一个数学模型，将电子真实运动的空间作为基空间，希尔伯特空间作为切空间，如此就构成了一个数学家称为"纤维丛"的东西（请参阅附录 F）。20 世纪 70 年代，理论物理学家将纤维丛与规范场论对应起来[85]。如果来个通俗比喻，纤维丛可以直观地理解为如图 4.5.5(a)所示的图像：一根作为基底的铁丝上缠绕着许多根纤维（毛线），或者是想象成凸凹不平的泥土地上长满了长长短短的杂草。这样一来，在纤维丛所描述的量子理论中谈到空间是否"平庸"的问题时，就需要考虑这个复杂的"纤维丛"空间是否平庸的问题了。这里包含了基空间，纤维空间，还有纤维丛空间三者的几何性质：铁丝弯曲成了什么形状？泥土地是平面还是球面？毛线或杂草(对应着希尔伯特空间)是简单而平庸的形态，还是某种卷曲、打结等古怪的样子？还有纤维丛本身，也可能是整体非平庸的，像图 4.5.5(b)所示的默比乌斯带那种。有关纤维丛的更深入介绍，可见参考文献[86]。

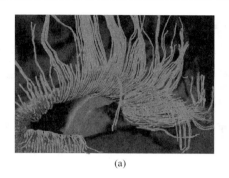 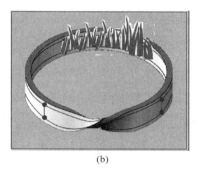

(a)　　　　　　　　　　　　(b)

图 4.5.5　纤维丛的直观图像

　　总之，贝里相位的发现使物理学家们开始从拓扑的、整体的观点来研究物质的不同形态。这对凝聚态物理中近年来发现的各种量子相变现象的研究特别有用。因为原来研究相变时所使用的朗道对称性自发破缺理论不适用了。如前面讨论过的量子霍尔效应，不同的整数(或分数)霍尔量子态，具有完全相同的对称性，即不能用对称性破缺来解释这些态之间的互相转变。实际上，不同的霍尔量子态对应的是不同的拓扑不变量。如整数量子霍尔效应中的整数 n，便是与二维电子气系统的哈密顿量所依赖的二维参数空间的拓扑性质有关，这个拓扑性质可以用一个非 0 的、以数学家陈省身命名的不变量——"第一陈数"来表征。

　　量子理论中还有一个有趣的问题，那是有关复数的用途。杨振宁在一次演讲中谈到关于从 -1 开方而得到的虚数 i，他说："虚数 i 以前在物理中也出现过，可是不是基本的，只是一个工具。到了量子力学发展以后，它就不只是个工具，而是一个基本观念了。为什么基础物理学必须用这个抽象的数学观念——数 i，现在没有人能解释。"

虚数 i 的使用应该是与相位的概念密切相关的。虚数 i 的重要性说明电子的波函数不仅仅包含了电子在空间出现的概率的信息，更重要的是包含了不可忽略的相位的信息。相位是量子理论的真正本质所在。

文小刚继提出拓扑序（topological order）之后，又将其扩展到更一般的"量子序"的概念，再次强调了相位对区分量子序和经典序的重要性[87]。

100 多年前，发现未知的新元素是科学的热点。建立了基本粒子物理学之后，预言和发现新的基本粒子，又成为物理学的热点。2013 年的诺贝尔物理学奖授予了预言希格斯粒子的几位物理学家，就是基于 2012 年 CERN 科学家们的实验，它发现并证实了标准模型中最后一个基本粒子——"上帝粒子"的存在。当前，凝聚态物理之所以成为物理学热点，则与近年来不断预言和实验证实的新的量子物态密切相关。因为新物态的浮现既有理论意义，还可能在自旋电子和量子计算等领域发挥极大的实用价值，有时还能导致意想不到的思想上的突破，甚至物理及数学理论上的革命。对此，我们将拭目以待。

最后,对拓扑绝缘体做一下简单介绍。

拓扑绝缘体是一种不同于金属和绝缘体的全新的物态,它最直观的性质就是其内部为绝缘体,而表面却能导电。就像是一个绝缘的瓷器碗,镀了金之后,便具有了表面的导电性。不过,我们之后会了解到,这是两种本质上完全不同的表面导电。镀金碗表面的导电性,对瓷器来说是外加的,将随着镀层的损坏而消失。而拓扑绝缘体的表面导电则是源自绝缘体的内禀性质,杂质和缺陷都不会影响它。

广义而言,前面介绍过的量子霍尔效应所对应的物态,就是二维的拓扑绝缘体。大家还记得前面曾经提到过整数量子霍尔效应的边缘导电性,我们可以从电子的经典运动图像来理解它:位于二维电子气中间部分的电子,大多数处于局域态而作圆周运动,只有边界上的电子,它们不能形成完整的圆周运动,最终只能朝一个方向前进,从而形成了边界电流。

从图 4.6.1(a)所示的电子运动经典图像中,还可以看出电子圆周运动的方向是与外磁场方向密切相关的,并由此造成了边界电流的手征性。手征性的概念与机械中螺纹的方向是左旋还是右旋类似,在经典电磁学中则对应于右手定则确定的磁场中电子的运动方向。尽管图 4.6.1(a)中使用右手定则而得出的边界电流方向是来自经典理论,但与量子力学预言的结果是一致的。

从量子理论的计算还可以证明,这个边界电流是因为其边缘存在无耗散的一维导电通道而形成,这种一维边界量子态通道模式的数目就是整数量子霍尔效应的朗道能级填充因子 n。而同时,这个 n 又与哈密顿量参数空间,或者动量空间的

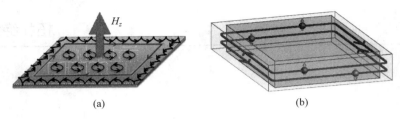

图 4.6.1　量子霍尔效应和量子自旋霍尔效应的边缘电流
（a）整数量子霍尔效应；（b）量子自旋霍尔效应

拓扑性质有关。在 4.5 节中我们曾经提及，n 其实就是这个动量状态空间的被称为"第一陈数"的拓扑不变量。那么，也就是说，IQHE 中边界电流的性质是由物质结构动量空间的拓扑性质所决定的。换言之，边界电流的性质，包括无耗散、手征性、电流方向等，不会轻易改变，除非发生了量子相变，使得动量空间的拓扑性质有所改变。这也就是通常相关文献中所谓"边界电流受拓扑保护"的意思。

随着对量子霍尔效应的理解逐渐深化，人们意识到了其边缘电流的特殊性。特别是无耗散这点，当然更是吸引着被"摩尔定律即将终结"所困惑着的科学家和工程研究人员们。

摩尔定律的终结归根结底是由于电流在尺寸太小的半导体器件中的发热和损耗。从经典热力学的观点来看，封闭系统中的运动总是从有序到无序，熵总是不断增加。电路中电子的有序运动最终将转换成无规则的热运动而耗散掉。要想延缓摩尔定律，必须尽可能地减少电路中的发热和损耗。这方面，微观世界里的奇特现象也许能给我们一些启迪。比如说，带负电的电子绕着带正电的原子核旋转，从经典理论看，它应该发射电磁波损耗能量而终止运动。但事实情况并非如此，电子的绕核运动是没有损耗的，它们可以永远地转下去。那么，是否可能让我们利用一点这种微观运动的特殊优势，来解决我们宏观世界中"摩尔定律即将终结"的倒霉命运呢？

量子霍尔效应的边缘电流便具有无耗散的性质，如果能对此加以利用就好了。几十年前，冯·克利青在研究 MOSFET 材料时，发现了这种奇特的效应，如今是否能将这种效应改进推广,再返回来应用到电子工业中而造福人类呢?

实际上,应用量子霍尔效应的困难在于它需要一个十分强大的磁场。但是,在霍尔效应的经典家族成员中,也有两个成员是不需要外加磁场的,其一就是霍尔自己在发现正常霍尔效应 3 年之后,在铁磁物质中观察到的反常霍尔效应;其二则是很早就被理论预言,但直到 2004 年才被实验证实的自旋霍尔效应。既然已经有了这两种不需要磁场的经典成员,就应该有可能观察到它们的量子对应物:量子反常霍尔效应和量子自旋霍尔效应。或者说,我们有可能在实验室里制造出两类全新的物态来:量子反常霍尔态和量子自旋霍尔态。

1988 年,美国普林斯顿大学的物理学家 F. D. M 霍尔丹(F. D. M. Haldane)第一个预测了没有磁场的量子霍尔效应[88]。

量子新物态的构想令人兴奋,特别是其中的量子自旋霍尔态,正好能用上电子自旋这个自由度,从而与近年来方兴未艾的自旋电子学联系起来吗?

如何才能得到量子自旋霍尔态呢? 在这个研究方向上,分别有两位物理学家独立地作出了二维量子自旋霍尔态的理论预言。一位是美国宾州大学的查尔斯·凯恩(Charles Kane)教授,他采用了霍尔丹 1988 年提出的模型,于 2005 年第一个在理论上设想了量子自旋霍尔态,并认为这种效应有可能在单层石墨烯样品中得以实现[89]。另一位就是美籍华裔科学家,斯坦福大学的张守晟教授,他在 2006 年提出在 HgTe/CdTe 量子阱体系中,由于该物质存在一种“能带反转”,有可能实现量子自旋霍尔效应[90]。

量子自旋霍尔效应,如图 4.6.1(b)所示,不需要外加磁场。当自旋和轨道的相互耦合作用足够大的时候,可以代替外磁场的作用,产生边缘电流。但是,由于电子自旋有两种:自旋上和自旋下,它们与轨道的耦合作用正好产生两股方向相反的电流。如果材料中两种自旋电子的密度相同,两种自旋流的电荷效应互相抵消,总电流为 0,但总自旋流却不会为 0。这样,利用以前我们介绍过的自旋电子学器件,便可能在给定的方向上,得到我们所需要的自旋流,并将其应用于电路中。

后来的研究工作表明,石墨烯中的自旋轨道耦合作用很小,因此很难观测到量子化的自旋霍尔效应。而张守晟所预言的 HgTe/CdTe 量子阱体系中的量子自旋霍尔效应，很快便被德国 Molenkamp 研究团队的实验所证实[91]。

如何从拓扑的角度来看待上面所述的二维量子自旋霍尔态呢？

拓扑绝缘体所提及的拓扑，与材料本身在真实空间的拓扑形状是完全无关的。这点大家早就知道了，只不过在此重新强调以引起重视而已。当我们只涉及单电子图像，不考虑多体运动时（比如将分数量子霍尔效应除外），仍然可以用能带理论来解释拓扑绝缘体。如果从能带论出发而谈及的拓扑，则指的是材料在布里渊区域中与能带结构有关的拓扑结构。

理论物理学家之所以首先想到在石墨烯中寻找量子自旋霍尔态，是因为石墨烯的特殊能带结构启发了他们的思维。凯恩当初也就是在石墨烯的霍尔态模型基础上，提出量子自旋霍尔态的。

石墨烯可算是一种最薄的晶体材料，因为它只由一层碳原子组成[图 4.6.2(a)]。

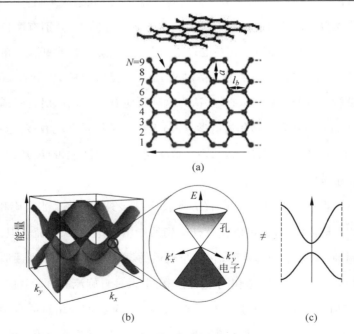

图 4.6.2 石墨烯的晶格结构及能带结构

（a）石墨烯的晶体结构；（b）石墨烯的能带结构；（c）一般能带形状

　　早在 1947 年,加拿大理论物理学家 P. R. 华莱士(P. R. Wallace)就从理论上研究了石墨烯的能带结构[92]。但是,长久以来人们从热力学的观点认为这种单层二维的晶体结构不稳定,因而现实中不可能存在。

　　不过,真实情况却往往出乎人们的意料之外。2004 年,曼彻斯特大学的两位物理学家安德烈·汤姆(Andre Geim)和康斯坦丁·诺沃塞洛夫(Konstantin Novoselov)成功地用一种初看起来似乎有些幼稚可笑的方法,在实验室里得到了稳定的石墨烯! 他们的方法再简单不过,听起来好像小学生都会做,就是把层状石墨(构成铅笔芯的物质)在胶带上反复地撕开和粘贴,如此往复循环,便能使石墨样品的层数不断地减少,最后达到的极限便是只有一层原子的石墨烯。因为此项贡献,两位物理学家得到了 2010 年的诺贝尔物理学奖[93]。

　　石墨烯的能带结构很特别[图 4.6.2(b)],尤其是它在 6 个对称的 K 和 K' 点附近的锥形结构。正是它们造就了石墨烯非同寻常的电学物理性质。

　　从图 4.6.2(b)右边放大了的锥形图可见,纯石墨烯能带中的导带和价带,还有费米能级,线性相交于一个点。这个点称为"狄拉克点"。导带和价带则表现为上下对称的锥形,称为"狄拉克锥"。

　　像石墨烯能带具有的这种"狄拉克点"是很特殊的。一般来说,电子的能带曲线,在导带底和价带顶处的形状,如图 4.6.2(c)所示,是接近抛物线的。抛物线形状是因为电子具有非 0 的静止质量,对真空中的自由电子来说,能量 E 正比于动量 k 的平方。应用到晶格中的电子时,大多数情形仍然符合这个平方规律,只不过电子的质量应该代之以一个有效质量而已。为什么要用有效质量呢? 因为电子是在晶格内运动,晶格对它的运动也许有阻碍,也许有帮助,就像是一个人在跑步的时候,有的人挡住他,有的人拉他一把。晶格的影响很复杂,我们把所有的作用综合起来,用一个有效质量来概括,因为他的感觉就像是自己的体重增加或减少了一样。在石墨烯的狄拉克点附近,能量动量间的平方规律没有了,导带和价带线性相交于一点,这说明能量 E 和动量 k 表现为线性依赖关系,无静止质量的光子的能量动量便是遵循这种线性关系。事实上,对石墨烯的研究证实,石墨烯中的电子在

$k=K$ 附近的行为,的确表现为一种有效质量为 0 的狄拉克费米子行为。这时候, 电子的运动不能用非相对论的薛定谔方程描述,而需要用量子电动力学的狄拉克 方程来描述。这种无质量载流子的存在,使得石墨烯中的电子可以畅通地输运。 因此,石墨烯具有比一般金属大得多的导电性。此外,电子极大的输运性也导致在 室温下便能观察到石墨烯的量子霍尔效应。

上面介绍的石墨烯,由于它独特的物理性质而引起了人们的兴趣,它的无质量 的相对论性准粒子,被观察到的整数及分数量子霍尔效应,为基础物理研究的许多 方面提供了理论模型和实验依据。它优异的电子输运性质,又使其在自旋电子学 等工程领域可能得到广泛的实际应用。

图 4.6.3 列出了石墨烯及量子霍尔态等几种物态在费米能级附近的能带图。

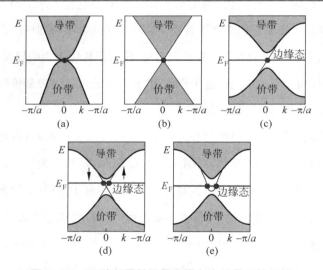

图 4.6.3　两种石墨烯及量子霍尔态能带图的比较
(a) 双层石墨烯；(b) 石墨烯；(c) 量子霍尔态；(d) 量子自旋霍尔态；(e) 普通绝缘体

从图 4.6.3(a)和(b),我们可以看到双层和单层碳原子结构能带形状的不同。 前者是抛物线形接触,而后者是线性的。(必须提醒注意的是,我们所说的这两种 石墨烯能带图都是指在二维空间中能无限延伸的理想晶体能带图。)

　　那么,量子霍尔态的能带形状又如何呢? 图 4.6.3(c)是量子霍尔态的能带示意图。它的导带及价带在费米能级附近的形状,接近抛物线,类似于普通绝缘体。但是,我们在 4.5 节中也说过,量子霍尔态体内虽然是绝缘体,但它们由于边缘态的存在而导电。在图 4.6.3(c)中,量子霍尔态的边缘态是一条连接导带和价带的直线。因此,量子霍尔态在低能态附近的行为,和石墨烯相仿,能量和动量的关系也是线性的,也存在无质量的相对论性准粒子。

　　因为量子霍尔态的实现需要强大的外磁场,由此人们将兴趣转向不需要磁场的量子自旋霍尔效应,并且在实验室里已经多次观察到了此种现象。对量子自旋霍尔态而言,不同的自旋有不同的边界态,因此在图 4.6.3(d)所示的自旋霍尔态能带图中,有两条直线连接导带和价带,它们分别对应于自旋上和自旋下的边缘电流。这种情形下的能带图,看起来与理想石墨烯的能带图更为类似了。

　　普通的绝缘体也可能产生边缘态而形成边缘导电,却和前面两种情形下的边缘态有本质的区别。图 4.6.3(e)画出了普通绝缘体的能带。图中的边缘态曲线与费米能级相交,意味着在此绝缘体中可以存在边缘电流。

　　再仔细对照一下图 4.6.3(c)、(d)、(e)3 个图边界态的异同点便不难发现,即使从这 3 个简单图中,也可以看出一点刚才所谓的“本质区别”来:普通绝缘体的那个边缘态的导电性是不稳定的:系统的缓慢连续变化可以使导电性增加或消失。比如说,在缓慢变化下,这个边缘态可以降低到与价带相交而增加导电性,但也可能渐渐升高而脱离费米能级线,最后被归类到导带中,而使得边缘失去导电性。但是,图(c)和图(d)所示两种量子效应下的边缘态,却是一条直线,从上到下将导带和价带绑到一起,这个连接方式不会因为系统的缓慢连续变化而改变。或者说,图(c)或图(d)与图(e)的不同之处可以用一句话概括:边缘态的拓扑结构不同。图(e)所示边缘态的拓扑结构是平庸的,而图(c)或图(d)的边缘态则非平庸,其导电性能受其拓扑性质所保护。这一类的量子物态,便称为“拓扑绝缘体”,以区别于平庸的普通绝缘体。真空属于普通绝缘体。

　　前面的叙述中,为什么总是要加上一句“系统缓慢连续变化”呢? 这句话的意思,在数学上是为了保证系统的拓扑性质不变,在物理上则是保证系统不发生量子相变。比如说,一坨类似球形的面团,如果被你缓慢连续地揉来揉去,仍然是类球形的一坨面。但如果你把它从中间挖了一个洞,那就不是保持拓扑性质不变的"缓慢连续"变化而是"相变"了。

刚才是用简单的图像来说明拓扑绝缘体与普通绝缘体的基本不同点。现在让我们在这条路上走得更远一些。其实,图4.6.3(c)、(d)、(e)中边界态的拓扑性质只是表面现象,并不足以解释拓扑绝缘体的本质,边界态表现不同的更深层原因是体材料能带拓扑的不同。

当两个体材料能带拓扑特征不同的绝缘体放在一起时就会产生导电的边界态。界面变成金属性,如此才能实现两种拓扑特征的连续变化。

既然是用拓扑性质来区分量子态,那么便需要找一个拓扑不变量来表征不同的态。这个拓扑不变量通常对应于参数空间中不可积的贝里相位,贝里积分是在体材料的动量空间中进行的,与边缘态无关。由此再次证明,是体材料的能带拓扑结构决定了边缘态的拓扑结构,从而又决定了拓扑绝缘体的那种"被拓扑保护、不受杂质和缺陷干扰"的边缘导电性。

对整数量子霍尔态而言,这个拓扑不变量就是在动量空间计算出来的"第一陈数"(参阅附录F),它同时也等于与经典朗道能级有关的填充因子 n。朗道能级是由外磁场产生的,所以正如我们从描述整数量子霍尔效应的电阻平台示意图所见,实验中观察到的 n 与外磁场强度有关。但是,在量子自旋霍尔效应中,外磁场强度等于0。也就是说,量子自旋霍尔效应的 n 值只能为0,这样就不能再用"第一陈数"来表征量子自旋霍尔态了。

那么,有什么其他的不变量,能用来表征量子自旋霍尔态呢?

量子自旋霍尔态的特点是不存在外加磁场,因而在一定条件下可以具有时间反演对称性。"时间反演",什么意思?顾名思义嘛,那就是将时间的流逝方向反过来。当然,真实的世界中时间是不会倒流的,但是电影技术为我们提供了一个用想象来检验时间反演特性的最佳场所。如果将一个个的电影画面反过来放,就能模拟时间反演的过程。从倒放的电影中我们会发现：有些东西（物理量）是正放反放不变的，而有些是改变的。比如说，我们考虑电磁场中的运动电子所涉及的几个物理量：位置将不受时光倒流的影响，但速度要反向；电子的电荷是时间反演不变的，但因为速度反过来了，所以电流要反向；电场强度 E 是时间反演不变的，而磁场 B 要反向。磁场反向的原因是磁场由电流产生的，时间倒过来时，电流反向了，因而磁场也反向了。

由上可知，磁场不是时间反演不变的。量子自旋霍尔态没有磁场，因而便有可能保持系统的时间反演对称性。或许可以利用这点来找出表征量子自旋霍尔态的守恒量。

相关于时间反演不变性，凯恩（Kane）和梅勒（Mele）提出用 Z2 不变量来区别拓扑绝缘体和普通绝缘体[94]。Z2 是指有两个元素的循环群。在他们的模型中，将自旋霍尔态看成两个（自旋上和自旋下）边缘电流方向相反的整数霍尔态的合成，见图 4.6.4。

图 4.6.4　自旋下的 IQHE 加自旋上的 IQHE 等于 QSH

两个整数量子霍尔态相加，外磁场互相抵消了，剩下两个方向相反的自旋流，表现为量子自旋霍尔态。这两个 IQHE 可以分别用自旋陈数 $n^{\perp}$（自旋上）和 $n^{\top}$（自旋下）来表征。凯恩等人证明，时间反演对称性要求：$n^{\perp}+n^{\top}=0$，即总陈数为零。但是，$n^{S}=(n^{\perp}+n^{\top})/2$ 不会等于 0。并且，他们还证明了，可以用 n^{S} 的奇偶性来描述合成量子态的非平庸性：当 n^{S} 为奇数时，系统是非平庸的拓扑绝缘体；当 n^{S} 为偶数时，系统是平庸的普通绝缘体。

因此，类似于 IQHE 中的陈数 n，我们定义一个 Z2 拓扑不变量 $\nu=n^{S} \bmod(2)$，并用它来表征二维拓扑绝缘体。这个概念还可以扩展到三维的拓扑绝缘体,即用 4 个 Z2 不变量来表征三维拓扑绝缘体[95]。

与文小刚提出的属于长程整体纠缠的拓扑序概念不同[96],拓扑绝缘体和量子自旋霍尔态是属于更局域的短程量子纠缠态。它们也可以看作被某种对称性所保护的拓扑序的例子:拓扑绝缘体被电荷守恒和时间反演所保护;而量子自旋霍尔态则被电荷守恒和 z 方向自旋守恒所保护[97-98]。

前面讨论的量子自旋霍尔态,是假设材料中两种自旋的密度在费米能级附近是相等的。反之,如果某一个方向的自旋被抑制,比如说,在某种材料中掺入某种铁磁性杂质,这样,就将破坏时间反演对称性,并有可能得到另外一种也不需要强大外加磁场的量子物态:量子反常霍尔效应。

说起来容易,实现起来却是非常困难。中国科学院院士薛其坤带领的团队,于 2013 年在世界上首次发现了量子反常霍尔效应。对此我们不再作更多的介绍,请见参考文献[99]。

在拓扑绝缘体及各种量子物态拓扑分类的理论中,仍有许多尚待解决的问题。其中涉及的概念,既关联到基础物理思想,也包括不同领域的数学理论。总之,大门已经敞开,理论还需完善,精度日益提高的实验技术也将供给我们越来越精确的数据。随着越来越多的不同量子态被研究和发现,物理学必将继续造福于文明社会。

附　录

经典粒子、玻色子、费米子及其统计规律

　　物理学中有 3 种不同的统计规律：玻尔兹曼统计、玻色-爱因斯坦统计和费米-狄拉克统计。它们分别适用于 3 种不同性质的微观粒子：经典粒子、玻色子和费米子。相对于经典粒子而言，玻色子和费米子服从量子力学的规律。从统计观点来看，它们和经典粒子的不同之处在于它们的不可区分性，或者说，玻色子和费米子是全同粒子。

　　什么是全同粒子呢？所谓全同粒子就是质量、电荷、自旋等内在性质完全相同的粒子。以经典力学的观点，即使两个粒子的上述性质全同，它们也仍然可以从运动的不同轨道而被区分。但在量子力学中，由于不确定性原理，粒子没有确定的轨道，因而当两个粒子间距明显小于它们的德布罗意波长时，就无法区分了。同为全同粒子，费米子和玻色子却有不同的秉性：费米子是独行侠，就像电子那样，必须每人单独住一间房；而玻色子呢，则可以群居。

　　这 3 种粒子的不同本性，又如何影响它们的统计分配规律呢？让我们从一个简单的例子：两个粒子（A、B）分住 3 间房子（房间 1、房间 2、房间 3）的情况，来体会这点。

　　我们最熟悉的是经典粒子，就是等同于两个人住 3 间房子的情况，可能的方案有图 A.1 中所示的 9 种。因此，两个经典粒子入住的方法共有 9 种。如果这两个粒子是费米子，则入住的方式只有 1、2、3 这 3 种。这是因为费米子遵循泡利不相容原理而排除了方案 4、5、6；又因为它们无法被区分而使得 7、8、9 完全等同于 1、2、3。对两个玻色子来说，它们也不能被区分，但可以同住一间，所以便有 1~6 共 6

种分配方法。

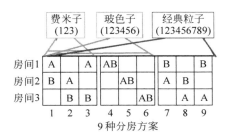

图 A.1   3 种统计规律

综上所述,经典粒子、玻色子、费米子在两人住 3 间房的时候,体系的总状态数分别为 9、6、3。推广到一般的情形,对 3 种粒子来说,体系的总状态数分别由下述公式表示:

经典粒子: $\Omega_j = g_j^{n_j}$

玻色子: $\Omega_j = \dfrac{(g_j + n_j - 1)!}{n_j!(g_j - 1)!}$

费米子: $\Omega_j = \dfrac{g_j!}{n_j!(g_j - n_j)!}$

在上述"两人住 3 间房"的特例中, $g_j = 3$, $n_j = 2$,因而分别得到 $\Omega_j = 9$、6、3。从而可以导出 3 种不同的统计规律:

麦克斯韦-玻尔兹曼统计分布: $\overline{n}_i = \dfrac{g_i}{\mathrm{e}^{(\varepsilon_i - \mu)/kT}}$

玻色-爱因斯坦统计分布: $\overline{n}_i = \dfrac{g_i}{\mathrm{e}^{(\varepsilon_i - \mu)/kT} - 1}$

费米-狄拉克统计分布: $\overline{n}_i = \dfrac{1}{\mathrm{e}^{(\varepsilon_i - \mu)/kT} + 1}$

附录 B
布拉维晶格、布拉格衍射、布洛赫波、布里渊区

（1）布拉维从几何的角度研究可能存在的晶格结构。

布拉维晶格在任何一个晶格点看起来都是一样的。三维布拉维晶格只有 14 种可能性，参见维基百科的介绍[100]。

（2）布拉格建立晶体衍射理论，用实验方法来探测晶体倒格子空间。

布拉格衍射条件：
$$2d\sin\theta = n\lambda \qquad\qquad (B.1)$$

这里，d 是晶格常数，θ 是衍射角。如果我们将波长 λ 用波矢量 $k = 2\pi/\lambda$ 来代替，经过简单的代数变换后，很容易将衍射条件写成：
$$k\sin\theta = n(\pi/d) \qquad\qquad (B.2)$$

式（B.2）描述了满足衍射加强条件的波矢 k 与晶体结构中原子间距 d 之间的关系。也就是描述了衍射图像亮点的位置与 d 之间的某种关系。公式的右边是变量（π/d）的整数倍，这个变量与原子间距离 d 的倒数有关，换言之，与晶格结构的倒格子空间有关。

（3）布洛赫求解晶格中电子运动的薛定谔方程，建立电子的能带理论。

布洛赫波是晶格中电子的波函数。

首先，如果不考虑晶格原子对电子的库仑作用，电子的表现应该如同真空中的自由电子，薛定谔方程有平面波解，电子能量的本征值与波矢 k 的平方成正比：
$$\varphi_k(r) = e^{ikr}, \quad \varepsilon(k) = \frac{h^2 k^2}{2m} \qquad\qquad (B.3)$$

式中，r 是半径，h 是普朗克常数，m 是质量。

然后，再将晶格原子的作用作为一种平均的周期势场的微扰引入自由电子的薛定谔方程中，这时得到的解只是在原来平面波的基础上，在振幅部分加上了一个与晶格周期相同的调制。也就是说，在周期势场中，薛定谔方程的解是一个平面波 e^{ikr} 和一个周期函数 $u(r)$ 的乘积：

$$\varphi_k(r) = u(r)e^{ikr} \tag{B.4}$$

式(B.4)中，平面波部分体现了电子的公有化，即自由的程度；周期函数则表现了固体中晶格上的离子对电子运动的影响，即电子被束缚的程度。固体物理中将这种波动形式称为布洛赫波，因为它于 1928 年由布洛赫导出。然而实际上，这种解答形式及其数学基础早在布洛赫波导出的 40 多年之前就已经被法国数学家加斯东·弗洛凯(Gaston Floquet，1847—1920)研究过，因此，这在常微分方程中被人们称为弗洛凯理论。

（4）布里渊区

第一布里渊区(first Brillouin zone)是动量空间中晶体倒易点阵的最小原胞。一维的第一布里渊区很简单，只是一段 k 值可取的范围($-\pi/d$ 到 π/d)。即使扩大到第二布里渊区，也只不过是将取值范围分别向两边扩展而得到两个新的线段：$(-2\pi/d, -\pi/d)$ 和 $(\pi/d, 2\pi/d)$；第三布里渊区也是用类似的扩展而得到。

如果是二维或三维的情况，就要复杂多了，从图 B.1 中的两个例子可以看出这点。图 B.1(a)中，中间的方块是二维正方晶格的第一布里渊区，其余的从中间向外扩展，分别对应着第二、三、四布里渊区。图 B.1(b)则只是画出了面心立方晶体的第一布里渊区。通常用到的也只有第一布里渊区。

第一布里渊区的重要性在于：晶体中的布洛赫波能具有的所有能量值，可以在这个区域中完全确定。

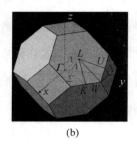

(a)　　　　　　　　　(b)

图 B.1　布里渊区

（a）二维正方晶格的布里渊区；（b）三维面心立方晶格的布里渊区

晶体中的周期势场不是时间的函数,所以布洛赫波是不含时间的定态薛定谔方程的解。求解定态薛定谔方程,实质上是求解能量本征值的问题,波函数则是与这些能量本征值相对应的本征函数。

在自由电子情形下,波函数是平面波,能量本征值则是波矢的平方,如图 C. 1(a)所示。

当晶体中电子的波函数用振幅被周期调制了的布洛赫波表示时,能量本征值将如何变化呢? 图 C. 1 说明了如何从自由电子能量的抛物线过渡到周期势场中的能带图。

固体中的电子,因为周期函数 $u(r)$ 具有与晶格相同的周期 d,当 r 平移 d 的时候,波函数将只是相差一个相位因子。波函数的平方则表示共有电子在晶格中出现的概率,这个概率是空间平移不变的。而与波函数相对应的能量本征值,则在波矢空间中具有平移不变性。

自由电子能量波矢的抛物线,是在势场为 0 的情形下得到的。零势场同样也可看作是周期势场,为了使自由电子的能量本征值也符合平移不变性的要求,可将图 C. 1(a)中的抛物线沿着最小的倒格子原胞边界(图中的 π/d 和 $-\pi/d$ 轴)反复折叠,最后得到图 C. 1(b)所示的曲线。

虽然一眼看去,图 C. 1(b)比图 C. 1(a)要复杂多了,但仔细研究则不难发现图(b)中曲线的平移对称性。也就是说,图 C. 1(b)中的曲线是沿横坐标轴重复的。因而,我们不需要整个曲线,就只需要留下它的不重复部分就足够了! 这就有了图 C. 1(c),它是简约后的图 C. 1(b)。

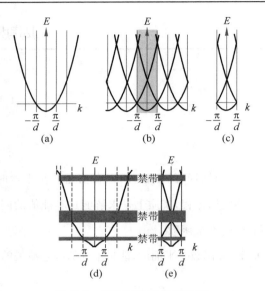

图 C.1   周期势场中的能带图
(a)、(b)、(c)是自由电子图；(d)、(e)是电子＋周期势场图

对照一下图 C.1(a)，其中的横坐标 k 可以取从负无穷到正无穷的任何数值，而在图 C.1(c)中，k 值可取的范围只从 $-\pi/d$ 到 π/d。变量取值范围从无限变成有限付出了代价，这时的能量变成了波矢的多值函数，这个多值函数包含了图 C.1(a)中那条抛物线的所有信息。

附录 D

电磁势和规范变换

在麦克斯韦的经典电磁学中，电磁场既能用电场强度 E 和磁场强度 B 来表示，也能用四维的电磁势(ϕ, A)来表示。但在量子力学中一般用电磁势表示。从 AB 效应(见附录 E)的实验事实也证实，场强表示是欠定的。两种表示的转换公式如下：

$$E = -\nabla\phi - \frac{\partial A}{\partial t}$$

$$B = \nabla \times A$$

场强表示是欠定的，而电磁势表示又包含了一些多余的信息。当电磁势作规范变换时，电场和磁场保持不变，因而对应于同样的物理效应，电磁势(ϕ, A)的数值并不唯一确定。更多的相关讨论请见正文和附录 E、F。

电磁势(ϕ, A)的规范变换表达式如下：

$$\phi \rightarrow \phi + \frac{\partial \lambda}{\partial t}$$

$$A \rightarrow A - \nabla\lambda$$

附录 E

拓扑知识简介

拓扑学主要研究空间在连续变换下的不变性质和不变量。它和几何学研究空间的方式不同。拓扑学不感兴趣"点之间的距离"这样的东西,它只感兴趣点之间的连接方式,即"连没连""怎样连"这样的问题。刚才所谓的"连续变换"的意思就是说空间不能被撕裂和粘贴,但可以如同橡皮膜一样地被拉伸,因此拓扑也俗称为"橡皮膜上的几何学"。这里简单介绍拓扑中与本书内容有关的几个概念。

单连通和多连通

如果一个区域中的任何一条闭曲线都能连续地收缩到区域中任何一点,此区域便称为单连通的。以图 E.1 的二维图形为例,图(a)灰色图形中的任何曲线,例如与图中那条从 B 出发、到 C,再回到 B 的类似曲线,都可以连续地变小而收缩到任何点。这说明那块灰色图形是"单连通"的。但是,如果在这个区域中挖一个或几个洞,成为像图(b)所示的灰色区域,情况便会有所不同。如果区域中的某条闭合曲线,有"洞"被包围在其中,就不可能连续收缩到一个点了。这种图形空间便成为"多连通"的。

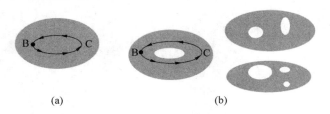

(a)   （b）

图 E.1　单连通和多连通

（a）单连通图形；（b）多连通图形

流形

流形是欧几里得空间的推广。欧几里得空间就是我们熟知的直线、平面等平坦的空间。如果将此概念稍微扩展一下,只要空间中每个无限缩小的局部看起来都和局部欧式空间一样,就可以称为流形。比如说,一根线接成一个圆圈,是一维流形的例子,但如果连成一个 8 字形,就不算是流形了,因为在 8 字形那个交叉点的附近,是不能局部等效于直线的。

球面、环面、面包圈面、默比乌斯带、克莱因瓶都是二维流形的例子。它们每个点附近的小局部看起来,都类似于平面,但整体拓扑却大不一样。因此,流形和欧式空间的局部几何性质相似,但整体拓扑性质不一样。

二维流形最直观、最有趣。其中像球面及面包圈面这样的流形,属于“有限、无边界、有方向”的,被研究得最深入,可以用“亏格”来描述和分类。对实闭曲面而言,通俗地说,亏格就是曲面上洞眼的个数,见图 E.2。

亏格=0   1   2   3

图 E.2　不同的亏格

欧拉示性数(**Euler characteristic**)

欧拉示性数是二维拓扑空间的一个拓扑不变量。比如,具有 F 个面、V 个顶角和 E 条棱边的多面体的欧拉示性数 $L = F + V - E$。

如果多面体是单连通的,可以证明:$L = F + V - E = 2$。比如立方体,$6 - 12 + 8 = 2$;四面体,$4 - 6 + 4 = 2$。这实际上是在中学几何中学多面体的时候就知道的欧拉公式。

对有限、无边界、有向的二维流形,欧拉示性数和亏格的关系为:$L = 2 - 2q$。

高斯-博内定理

几何考察局部形状,拓扑研究整体性质,二者看似不同,却有一个十分美妙的高斯-博内定理,将这两者关联起来。高斯-博内定理是平面几何中"三角形三个内角和等于 $180°$"到一般二维曲面的推广,由下列公式表述:

$$\int_M K\,\mathrm{d}A + \int_{\partial M} k_g\,\mathrm{d}s = 2\pi\chi(M)$$

式中,M 是二维曲面,∂M 为曲面的边界,K 是曲面的高斯曲率,k_g 是边界线的测地曲率,$\chi(M)$ 是曲面 M 的欧拉示性数。

陈省身将曲面上的高斯-博内定理推广到高维流形上,证明了高斯-博内-陈定理。

纤维丛和陈类

纤维<u>丛</u>可以看作乘积空间的推广。简单乘积空间的例子很多,例如,二维平面 XY 可以当作是 X 和 Y 两个一维空间的乘积;圆柱面可以看作圆圈和一维直线空间的乘积。

纤维<u>丛</u>是基空间和切空间(纤维)两个拓扑空间的乘积。平面可看作 X 为基底 Y 为切空间的<u>丛</u>;圆柱面可看成圆圈为基底、一维直线为切空间的纤维<u>丛</u>,只不过平面和圆柱面都是平庸的纤维<u>丛</u>。平庸的意思是说两个空间相乘的方法在基空间的每一点都是一样的。如果不一样,就可能是非平庸的纤维<u>丛</u>了,比如默比乌斯带,见图 F.1。

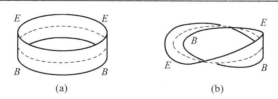

(a) (b)

图 F.1 纤维丛

(a) 柱面是平庸的,陈数＝0;(b) 默比乌斯带不平庸,陈数＝1

有人给了一个纤维<u>丛</u>的直观理解:将人的头作为基底,头发是纤维,长满了头发的脑袋则是纤维<u>丛</u>。

如上所述,纤维<u>丛</u>有平庸和不平庸之分,纤维<u>丛</u>的这个拓扑性质可用以数学家陈省身命名的"陈类"来分类。比如说,可用一个不变量——"第一陈数"为 0 或非

0,来表征图 F.1 中的圆柱面和默比乌斯带纤维丛拓扑性质的不同。陈数可直观地理解为基空间的点改变时,纤维绕着基空间转了多少圈。从图 F.1 可见,相对于平直的圆柱面而言,当基空间参数变化一圈时,默比乌斯带上的"纤维"绕着基空间"扭"了一圈。

参考文献

[1] HIRSHFELD A. The electric life of Michael Faraday[M]. New York：Walker and Company,2006.

[2] ADAMS W G,DAY R E. The action of light on selenium[C]. Proceedings of the Royal Society,1876(25)：113-117.

[3] HERTZ H R. Ueber sehr schnelle electrische schwingungen[J/OL]. Annalen der Physik,1887(5),267(7)：421-448.［2020-08-30］. http://matidavid. com/pioneer_files/Hertz. htm.

[4] BRAUN K F. On the current conduction in metal sulphides (title tranlated from German into English)[J]. Ann. Phys. Chem. ,1874,153：556(In German).

[5] BOSE J C. Detector for Electrical Disturbances：US755840[P/OL]. 1904-03-29[2020-08-30]. https://www. freepatentsonline. com/0755840. html.

[6] PICKARD G W. Means for Receiving Intelligence Communicated by Electric Waves：US836531[P/OL]. 1905-11-20［2020-08-30］. https://www. freepatentsonline. com/0836531. html

[7] EDISON T A. Electrical Indicator：US307031［P/OL］. 1884-10-21［2020-08-30］. https://www. freepatentsonline. com/0307031. html.

[8] TESLA C M. Man out of time[M]. New York：Simon &. Schuster,1979.

[9] 琼斯. 光电帝国：电力发展史上的巨人和他们的战争[M]. 吴敏,译. 北京：中信出版社,2006.

[10] BARRETT J P. Electricity at the columbian exposition[M]. New York：R. R Donnelley,1894.

[11] CHAMBERS J. Tesla has fired the spark flashed round the world[J]. The New York Journal,1897.

[12] Tesla-master of lightning (Vedio)[EB/OL]. ［2020-08-30］. http://www. youtube. com/watch?v＝Cg7NeWnN1e4(加中文字幕：http://v. youku. com/v_show/id_XMTkxNjE5NzQw. html).

[13] ANDERSON L I. Tesla presents series, Part 1［M］. Breckenridge：21st Century Books,2002.

[14] TESLA N. Tesla's tower[J]. New York American,1904.

[15] Nikola Tesla on his work with alternating currents and their application to wireless

telegraphy, telephony and transmission of power [EB/OL]. [2020-08-30]. http://www. tfcbooks. com/tesla/nt_on_ac. htm.

[16] MIT research on wireless energy transmission[EB/OL]. [2020-08-30]. http://www. mit. edu/soljacic/wireless_power. html.

[17] BRAVAIS A. Mémoire sur les systèmes formés par les points distribués régulièrement sur un plan ou dans l'espace [J]. J. Ecole Polytech,1850(19)：1-128.

[18] BRAGG W L. The diffraction of short electromagnetic waves by a crystal [C]. Proceedings of the Cambridge Philosophical Society,1913(17)：43-57.

[19] WARREN B E. X-ray diffraction[M]. Boston：Addison-Wesley Pub. Co. ,1969.

[20] 黄昆,韩汝琦. 固体物理学[M]. 北京：高等教育出版社,2005.

[21] BLOCH F. Über die quantenmechanik der elektronen in kristallgittern[J]. Zeitschrift Für Physik,1929,52(7)：555-600.

[22] LÉON B. Les électrons dans les métaux et le classement des ondes de de Broglie correspondantes[J]. Comptes Rendus Hebdomadaires des Séances de l'Académie des Sciences,1930(191)：292.

[23] Oral History transcript—John Bardeen[EB/OL]. (1977-12-22)[2020-08-30]. http://www. aip. org/history/ohilist/4146_4. html.

[24] RIORDAN M,HODDESON L. Crystal fire [M]. New York：W. W. Norton and Co. , 1997.

[25] HUFF H R. John Bardeen and transistor physics [EB/OL]. [2020-08-30]. http://www. chiphistory. org/exhibits/ex_john_bardeen_transitor_physics/john_bardeen_section2. pdf.

[26] SHOCKLEY W. IEEE global history network[EB/OL]. (2011-07-18)[2020-08-30]. http://ghn. ieee. org/wiki6/index. php/William_Shockley.

[27] BAIBICH M,BROTO J,FERT A,et al. Giant magnetoresistance of (001)Fe/(001)Cr magnetic superlattices[J]. Physical Review Letters,1988,61(21)：2472-2475.

[28] BINASCH G,GRÜNBERG P,SAURENBACH F,et al. Enhanced magnetoresistance in layered magnetic structures with antiferromagnetic interlayer exchange[J]. Physical Review B,Condensed Matter,1989,39(7)：4828-4830.

[29] FEYNMAN R. There's plenty of room at the bottom[EB/OL]. [2020-08-30]http://www. pa. msu. edu/yang/RFeynman_plentySpace. pdf.

[30] CHAPPERT C,FERT A,VAN DAU F N. The emergence of spin electronics in data storage[J]. Nature Materials,2007,6(11)：813-823.

[31] MIYAZAKI T，TEZUKA N. Giant magnetic tunneling effect in $Fe/Al_2O_3/Fe$ junction[J]. J. Magn. Magn. Mater,1995,139：231-234.

[32] 张天蓉. 世纪幽灵：走近量子纠缠[M]. 合肥：中国科学技术大学出版社,2013.

[33] RAMIREZ A P. Colossal magnetoresistance[J]. J. Phys：Condens. Matter 9,1997,

8171-8199.

［34］ BACKUS J. "Can programming be liberated from the von Neumann style?" 1977 ACM Turing award lecture［J］. Communications of the ACM,1978,21(8).

［35］ DE GROOT R A,MUELLER F M,VAN ENGEN P G,et al. New class of materials: half-metallic ferromagnets［J］. Phys. Rev. Lett. 1983,50:2024-2027.

［36］ STORY T, GALAZKA R, FRANKEL R, et al. Carrier-concentration-induced ferromagnetism in PbSnMnTe［J］. Physical Review Letters,1986,56(7):777-779.

［37］ 维基百科:自旋转移力矩(Spin-transfer torque)［EB/OL］. ［2020-08-30］http://en. wikipedia. org/wiki/Spin-transfer_torque.

［38］ SLONCZEWSKI J C. Current-driven excitation of magnetic multilayers［J］. J. Magn. Magn. Mater,1996(159):L1-L7.

［39］ BERGER L. Emission of spin waves by a magnetic multilayer traversed by a Current ［J］. Phys. Rev,1996,54(13):9353-9358.

［40］ SCHLIEMANN J,EGUES J C,LOSS D. Nonballistic spin-field-effect transistor［J］. Phys Rev Lett. 2003,90(14):146801.

［41］ DATTA S B. DAS A. Electronic analog of the electrooptic modulator［J］. Applied Physics Letters,1990(56):665-667.

［42］ WUNDERLICH J,PARK B G,IRVINE A C,et al. Spin Hall effect transistor［J］. Science,2010,330(6012):1801-1804.

［43］ HALL K C,FLATT'E M E. Performance of a spin-based insulated gate field effect transistor［J］. Appl. Phys. Lett. ,2006(88):162503.

［44］ LEE J,ŽUTIĆ I. Spintronics stretches its arms to lasers［EB/OL］. ［2020-08-30］. SPIE Newsroom. DOI:10. 1117/2. 1201209. 004437. 2012-10-02. http://spie. org/x90592. xml.

［45］ BOÉRIS G,LEE J,VÝBORNÝ K,et al. Tailoring chirp in spin-lasers［J］. Appl. Phys. Lett. ,2012,100:121111. doi:10. 1063/1. 3693168.

［46］ 郝柏林. 朗道百年［EB/OL］. ［2020-08-30］http://power. itp. ac. cn/hao/ld100_phys. pdf.

［47］ JANOUCH F(CERN). Lev D. Landau:his life and work［OL］. ［2020-08-30］. http://image. sciencenet. cn/olddata/kexue. com. cn/upload/blog/file/2010/6/2010621214821385723. pdf.

［48］ IVANENKO G D,LANDAU L D. World constants and limiting［J］. Physics of Atomic Nuclei,2002,65(7). (Translated from Original Russian Text. 1928).

［49］ 张天蓉. 有关伽莫夫博文［EB/OL］. ［2020-08-30］. http://www. chem8. org/thread-86197-1-1. html.

［50］ 解道华. 朗道与卡皮查［J］. 自然辩证法通讯,2005,5:73-77.

［51］ 于渌,郝伯林. 边缘奇迹:相变和临界现象［M］. 北京:科学出版社,2016.

［52］ LANDAU L D, LIFSHITZ E M. Statistical physics ［M］. Oxford: Pergamon

Press. 1980.

[53] TERHAAR D. Collected papers of L D Landau (reprint of Landau's papers)[M]. New York: Intl Pub Distributor Inc,1965.

[54] GINZBURG V L. On the theory of superconductivity[J]. Il Nuovo Cimento (1955-1965),1955,2(6): 1234-1250.

[55] LEWIS C. The Life of James Clerk Maxwell: with a selection from his correspondence and occasional writings and a sketch of his contributions to science [M]. London: Macmilan,2010.

[56] LEADSTONE G S. The discovery of the Hall effect [J]. Physics Education, 1979, 14(6): 374-379.

[57] HALL E. On a new action of the magnet on electric currents[J]. American Journal of Mathematics,1879,2(3): 287-292.

[58] OH S. The complete quantum Hall trio[J]. Science,2013,340(6129): 153-154.

[59] VON KLITZING K, DORDA G, PEPPER M. New method for high-accuracy determination of the fine-structure constant based on quantized Hall[J]. Physical Review Letters,1980,45 (6): 494-497.

[60] 维基百科：克劳斯·冯·克利青[EB/OL]. [2020-08-30]. http://zh. wikipedia. org/ wiki/%E5%85%8B%E5%8A%B3%E6%96%AF%C2%B7%E5%86%AF%C2% B7%E5%85%8B%E5%88%A9%E9%9D%92.

[61] ANDO T, MATSUMOTO Y, UEMURA Y. Theory of Hall effect in a two-Dimensional Electron System[J]. J. Phys. Soc. Jpn. ,1975(33): 279-288.

[62] VON KLITZING K. 25 Years of quantum Hall effect (QHE),a personal view on the discovery, physics and applications of this quantum effect [EB/OL]. S'eminaire Poincar'e,2004,2: 1-16. [2020-08-30]. http://www. bourbaphy. fr/klitzing. pdf.

[63] TSUI D C,STORMER H L,CROSSARD A C. Two-dimensional magnetotransport in the extreme quantum limit[J]. Phys. Review Lett. ,1982(48): 1559.

[64] LANDAU L D,LIFSHITZ E M. Quantum mechanics: nonrelativistic theory[M]. 3d ed. Oxford: Pergamon Press,1977.

[65] ANDERSON P W. Absence of diffusion in certain random lattices[J]. Phys. Rev. , 1958,109(5): 1492-1505.

[66] LAUGHLIN R B. Quantized Hall conductivity in two dimensions[J]. Phys. Rev. B. 1981,23(10): 5632-5633.

[67] TSUI D C,STORMER H L,GOSSARD A C. Two-dimensional magnetotrans-port in the extreme quantum limit[J]. Physical Review Letters,1982,48(22): 1559.

[68] LAUGHLIN R B. Anomalous quantum Hall effect: an incompressible quantum fluid with fractionally charged excitations[J]. Physical Review Letters, 1983, 50 (18): 1395.

[69] 维基百科,Resistor[EB/OL]. [2020-08-30]http://en. wikipedia. org/wiki/Resistor.

[70] YOSHIOKA D. The quantum Hall effect[M]. New York: Springer,2002.

［71］ WEN X G. Topological orders in rigid states［J］. Int. J. Mod. Phys. B4，1990，239.

［72］ 文小刚. 我们生活在一碗汤面里吗？——光和电子的统一与起源［J/OL］. Physics，2012，41（6）：359-366.［2020-08-30］http：//www. wuli. ac. cn/CN/Y2012/V41/I06/359.

［73］ WEN X G. An introduction of topological orders［EB/OL］.［2020-08-30］http：//dao. mit. edu/wen/topartS3. pdf.

［74］ EISENSTEIN J P，STORMER H L. The fractional quantum Hall effect［J/OL］. Science，1990，248：1461.［2020-08-30］. http：//www. sciencemag. org/content/248/4962. toc.

［75］ IYE Y. Composite fermions and bosons：an invitation to electron masquerade in quantum Hall［J］. Proc Natl Acad Sci U S A.，1996（16）：8821-8822.

［76］ THOULESS D J，KOHMOTO M，NIGHTINGALE M P，et al. Quantized Hall conductance in a two-dimensional periodic potential［J］. Phys. Rev. Lett.，1982（49）：405-408.

［77］ 维基百科：双缝实验［EB/OL］.［2020-08-30］http：//zh. wikipedia. org/wiki/％E9％9B％99％E7％B8％AB％E5％AF％A6％E9％A9％97.

［78］ AHARONOV Y，BOHM D. Significance of electromagnetic potentials in quantum theory［J］. Phys. Rev.，1959(115)：485-491.

［79］ OSAKABE N，MATSUDA T，KAWASAKI T，et al. Experimental confirmation of aharonov-bohm effect using a toroidal magnetic field confined by a superconductor［J］. Phys Rev A.，1986，34(2)：815-822.

［80］ BERRY M V. Quantal phase factors accompanying adiabatic changes［C］. Proc. R. Soc. Lond.，1984，A392(1802)：45-57.

［81］ HANNAY J H. Angle Variable holonomy in adiabatic excursion of an integrable hamiltonian［J］. J. Phys. A：Math. Gen.，1985(18)：221-230.

［82］ 维基百科，搞笑诺贝尔奖［EB/OL］.［2020-08-30］. http：//en. wikipedia. org/wiki/Ig_Nobel_Prize.

［83］ 李华钟. 简单物理系统的整体性：贝里相位及其他［M］. 上海：上海科学技术出版社，1998.

［84］ XUE J M. 石墨烯中的贝里相位［EB/OL］.［2020-08-30］. http：//arxiv-web3. library. cornell. edu/pdf/1309. 6714. pdf.

［85］ 杨振宁讲座：20 世纪数学与物理的分与合［EB/OL］.［2020-08-30］. http：//v. youku. com/v_show/id_XNjQ1NjM1Mjc2. html.

［86］ YVONNE C B，CECILE D M，MARGARET D B. Analysis，manifolds，and physics［M］. Amsterdam：North Holland Publishing Company，1977.

［87］ WEN X G. Quantum field theory of many body systems-from the origin of sound to an origin of light and electrons［M］. Oxford：Oxford Univ. Press，2004.

［88］ BLEECKER D. Gauge theory and variational principles［M］. Mass：Addison-Wesley publishing，1981.

［89］ HALDANE F. Model for a quantum Hall effect without Landau levels: condensed-matter realization of the "parity anomaly"［J］. Physical Review Letters,1988,61(18): 2015-2018.

［90］ KANE C L,MELE E J. Quantum spin Hall effect in graphene［J］. Physical Review Letters,2005,95(22): 226801.

［91］ ANDREI BERNEVIG B,ZHANG S CH. Quantum spin Hall effect［J］. Physical Review Letters,2006,96(10): 106802.

［92］ KÖNIG M,WIEDMANN S,BRÜNE C,et al. Quantum spin hall insulator state in HgTe quantum wells［J］. Science,2007,318(5851): 766-770.

［93］ WALLACE P R. The band structure of graphite［J］. Physical Review 1947(71): 622-634.

［94］ NOVOSELOV K S,GEIM A K,MOROZOV S V,et al. Electric field effect in atomically thin carbon films［J］. Science,2004,306(5696): 666-669.

［95］ KANE C L,MELE E J. Z2 topological order and the quantum spin Hall effect［J］. Physical Review Letters,2005,95(14): 146802.

［96］ 余睿,方忠,戴希. Z2 拓扑不变量与拓扑绝缘体［J］. 物理,2011,40(7): 462-468.

［97］ 维基百科. Topological order from Wiki［EB/OL］.［2020-08-30］. http://en.wikipedia. org/wiki/Topological_order.

［98］ 维基百科. Quantum spin Hall state from Wiki［EB/OL］.［2020-08-30］. http://en.wikipedia. org/wiki/Quantum_spin_Hall_effect.

［99］ CHANG C Z,ZHANG J S,FENG X,et al. Experimental observation of the quantum anomalous Hall effect in a magnetic topological insulator［J］. Science,2013,340 (6129): 167-170.

［100］ 维基百科·布拉菲晶格［EB/OL］.［2020-08-30］. http://zh. wikipedia. org/wiki/%E5%B8%83%E6%8B%89%E8%8F%B2%E6%99%B6%E6%A0%BC.

后记

正值笔者即将完成本书再版修改稿之时,传来菲利普·安德森以 97 岁高龄不幸辞世的消息。回头再读与这位"凝聚态之父"有关的章节,感觉书中甚少的言辞完全不足以道尽安德森对物理学和科学的卓越贡献。特别是他于 1972 年发表的《多则异》(*More is Different*)的著名文章,堪称凝聚态物理的"独立宣言"。实际上,它岂止是物理界独树一帜的宣言,更是表达了安德森对人类科学方法的挑战和超越。

在此,我们简单解读一下大师在该文中对这个世界运行规律的深刻思考。

从固体延拓到凝聚态,不仅研究对象之范围得以极大扩充,还包括量变到质变引起的深刻改变。安德森正是要告诉科学家们这一点。传统的科研方法以还原论为主,认为复杂系统可以化解为各部分之组合,并且,复杂体系的行为可以用其部分行为来加以理解和描述。然而,安德森认为,多则异,还原并不能重构宇宙,部分之行为不能完全解释整体之行为!高层次物质的规律不是低层次物质规律的应用,并不是只有底层基本规律是基本的,每个层次皆要求全新的基本概念的构架,都有那一个层次的基础原理。也就是说,安德森教给我们认识这个世界的不同于还原论的另一种视角,即"层展论"(或称整体论)的观点。层展论既不属于还原论,也不反对还原论,而是与还原论互补,构成更为完整的科学方法。

根据安德森的思想,凝聚态物理就被分成了各种尺度上的层展现象。这种层展思想不仅仅影响了物理界,也被扩展到整个科学界以及其他社会科学和人文研究领域,直接推动了所谓"复杂性科学"的建立和发展。

1984 年,一批从事物理、经济、生物、计算机科学的学者,包括诺贝尔奖的获得者、夸克之父马瑞·盖尔曼与乔治·考温等人,建立了一个研究复杂性科学的"圣塔菲研究所"。稍后，菲利普·安德森便积极地参与其中，全力支持年轻人对这个世界的各方面进行更为艰难但充满兴奋的探索。

对于凝聚态物理学和复杂性科学，安德森都堪称开拓者和领路人。

理论犹存，智者已去，寥寥数语，是以为记！